Gerald Kelechi Ijemaru

Desafios das comunicações sem fios: Impactos na rede de telecomunicações móveis

Gerald Kelechi Ijemaru

Desafios das comunicações sem fios: Impactos na rede de telecomunicações móveis

ScienciaScripts

Imprint

Cover image: www.ingimage.com

This book is a translation from the original published under ISBN 978-620-2-31991-1.

Publisher:
Sciencia Scripts
is a trademark of
Dodo Books Indian Ocean Ltd. and OmniScriptum S.R.L publishing group

120 High Road, East Finchley, London, N2 9ED, United Kingdom
Str. Armeneasca 28/1, office 1, Chisinau MD-2012, Republic of Moldova, Europe
Printed at: see last page
ISBN: 978-620-8-14597-2

DEDICAÇÃO

Aos meus professores
que me ensinou a aprender pelo prazer de aprender, e aos meus alunos
que me ensinou a aprender para ensinar.

À minha adorável família - Paz, Justiça, Sabedoria, Emmanuel e Maravilhoso: com gratidão pelo vosso amor e apoio.

Finalmente, a Deus Todo-Poderoso, que tem sido o pilar e a escada do meu sucesso!

AGRADECIMENTOS

Dou sinceramente glória a Deus Todo-Poderoso que tem sido o pilar do meu sucesso e cujas misericórdias se cristalizaram nos pontos cruciais da realização deste livro de texto.

Em primeiro lugar, tenho a honra de expressar a minha profunda gratidão ao Dr. Jon Plumley, que analisou todo o trabalho com dedicação e frontalidade. Ofereceu também ideias e sugestões inestimáveis, encorajamento consistente e críticas construtivas, imbuídas de um profundo conhecimento e de uma rica experiência de investigação. Estes são os alicerces sobre os quais assenta o produto final.

Akinsanmi Olaitan, que está sempre presente para dar orientação académica e conselhos úteis. Ele nunca se cansa de dar apoio sempre que é chamado. Que continues a subir a escada do sucesso!

Estou especialmente grato às seguintes pessoas: Sra. Martina Mbemeneh, Rev. P. Nick, Barr, Bath, Sr. Ugochukwu, Sra. Adesanya Agatha, Rev. Ir. Anthonia, Sra. Okere, Sr. Malachy e Sra. Cyrina. Estas pessoas fizeram de mim o que sou hoje. Que Deus recompense os vossos esforços.

Os meus agradecimentos vão também para o seguinte grupo de pessoas: Prof Li-Minn Ang, Prof. Seng Jasmine, Prof Alabadan, Prof Eneh I., Dr Oricha Joseph, Dr Adeyanju Ibrahim, Engr. K.O.Olusuyi, Engr, H.U. Ezea, Engr, Ofusori. J., Dr. Oluwole, Engr. Njokuocha K., Sr. Ericmoore Ngharamike, e muitos outros.

Sinceramente, agradeço à minha amada família, que está sempre a ser alvo de críticas cada vez que embarco neste tipo de trabalho de investigação. A eles são negados o amor e o carinho - Sra. Paz (meu anjo e querida), Mestre Justiça, Sabedoria, Emmanuel e Maravilhoso... Devo a todos vós uma enorme gratidão pela vossa paciência e amor.

O material do livro foi desenvolvido ao longo de muitos anos em cursos introdutórios e avançados de comunicações sem fios, títulos e desafios, tanto em programas regulares de licenciatura e pós-graduação como em programas orientados para a prática profissional. Agradeço o feedback dos muitos estudantes que participaram nos cursos e que utilizaram várias versões do manuscrito. Em particular, agradeço aos alunos da Universidade Federal de Oye-Ekiti, Departamento de EEE.

Agradeço aos revisores os seus muitos comentários úteis sobre as várias versões do manuscrito.

Por último, agradeço aos bons samaritanos nas pessoas de Kenneth Onyeanwu, Okezie Ukaegbu, Ikenna Udunwa e Albert Onyekchi. Os vossos gestos são apreciados e permanecerão sempre verdes na minha memória.

Por último, agradeço vivamente à editora **Scholar's Press** por ter aceite publicar este livro num formato tão bonito e atempadamente.

Gerald Kelechi Ijemaru

PREFÁCIO

Ao longo dos anos, muitas nações em desenvolvimento têm continuado a enfrentar desafios rigorosos no domínio das comunicações sem fios. Embora a indústria das telecomunicações da Nigéria tenha registado um crescimento contínuo e um rápido progresso em termos de política e de avanços tecnológicos, o que resultou num mundo cada vez mais competitivo e ligado em rede, tem, no entanto, enfrentado muitos desafios. Apesar das vantagens oferecidas pelas redes de comunicações sem fios, como a portabilidade, a flexibilidade, o aumento da produtividade, as capacidades de roaming, os custos de instalação reduzidos e muitas outras, a segurança das redes sem fios continua a ser um grande desafio e uma grande preocupação. Atualmente, as vulnerabilidades das comunicações sem fios estão a aumentar devido à maior procura de débitos de dados mais elevados, à necessidade de serviços avançados e de roaming e à enorme implantação de serviços em todo o mundo. Consequentemente, esta situação criou sérios desafios à segurança dos sistemas e aplicações sem fios em ambientes sem fios. De resto, as redes sem fios e os dispositivos portáteis estão expostos ao mesmo nível de vulnerabilidades e riscos que as redes convencionais com fios. No entanto, hoje em dia, os riscos e ameaças associados às redes sem fios assumiram uma nova dimensão, ostensivamente porque o meio de comunicação, a onda de ar, das redes sem fios está abertamente exposto a intrusos, que tiram partido disso para lançar ataques maliciosos, como ataques de negação de serviço, roubo de identidade, violação dos direitos de privacidade, inserção de vírus ou códigos maliciosos para perturbar as operações, escutas passivas para interceção de dados e ataques activos de empastelamento para perturbar transmissões legítimas. Mais uma vez, os intrusos também contornam a proteção das firewalls para terem acesso a dados sensíveis comunicados entre dois dispositivos sem fios.

O livro tem como principal objetivo identificar e avaliar alguns destes desafios. Por conseguinte, examina criticamente as vulnerabilidades e os riscos de segurança decorrentes da natureza aberta inerente às redes sem fios, bem como sugere formas de os melhorar.

A conceção do livro adoptou uma abordagem de inquérito exploratória e descritiva; e os dados foram recolhidos utilizando três técnicas de dados, nomeadamente entrevistas, questionários e fontes de dados secundárias para gerar informações quantitativas e qualitativas sobre a área temática. O questionário foi aplicado a mil inquiridos selecionados aleatoriamente em comunidades rurais de uma região da Nigéria.

Enquanto a conceção do livro utilizou a abordagem exploratória para procurar o desenvolvimento de novas técnicas, modelos e teorias que possam ser utilizados para atenuar os desafios das comunicações sem fios nos países em desenvolvimento, especialmente na Nigéria, também adoptou uma abordagem descritiva para analisar algumas das técnicas actuais que estão em voga, como as técnicas de diversidade, os sistemas MIMO (Multiple-Input Multiple-Output) e os controlos de segurança sem fios.

O livro é o produto de um inquérito recente realizado pelo autor; por conseguinte, as conclusões aqui relatadas são originais e reflectem os pontos de vista e as práticas actuais das comunidades rurais da Nigéria no que respeita aos desafios das comunicações sem fios e ao seu impacto na população da Nigéria. O estudo foi concluído com sugestões que podem melhorar o desenvolvimento das telecomunicações na Nigéria.

O livro começa por apresentar uma panorâmica geral dos ataques à segurança encontrados nas redes sem fios. Em seguida, faz um levantamento dos protocolos de segurança existentes e prevê alguns algoritmos normalizados para redes sem fios, como Bluetooth, Wi-Fi, WiMAX, sistemas LTE, etc. Apresenta ainda as medidas de controlo de segurança mais avançadas para proteger o ambiente de comunicação aberto contra espiões. Segue-se uma análise dos vários ataques de empastelamento com base na eficácia e complexidade do empastelamento e uma proposta de algumas técnicas anti-empastelamento.

OBJECTIVO

As redes de comunicações entraram numa era de mudanças fundamentais, em que as forças do mercado e da regulamentação acabaram por acompanhar o avanço inexorável da tecnologia, como o demonstram os seguintes factos:

- *O crescimento explosivo da computação pessoal multimédia e da World Wide Web demonstra o valor dos serviços baseados em rede.*
- *A desregulamentação do sector das telecomunicações, que abre a porta a novas tecnologias de redes de acesso (sistemas celulares digitais, modems de cabo, modems DSL de alta velocidade, redes de constelações de satélites, cabo sem fios de banda larga, etc.)*
- *A explosão da largura de banda disponível devido à tecnologia de transmissão ótica e à entrada de novos fornecedores de serviços de backbone nacionais e mundiais.*

O objetivo deste livro é apresentar aos estudantes de Engenharia Eletrotécnica e Eletrónica, Engenharia Informática e Ciências da Computação os fundamentos das comunicações sem fios, as questões e os desafios e os conceitos de segurança em redes sem fios.

ÍNDICE

CAPÍTULO 1

Contexto introdutório das comunicações sem fios

1.1 INTRODUÇÃO

Muitas nações em desenvolvimento, como a Nigéria, registaram enormes melhorias e crescimentos na difusão da informação desde a primeira iniciativa no domínio das tecnologias da informação e da comunicação (TIC) na Nigéria, na década de 1950. As estatísticas da União Internacional das Telecomunicações mostram atualmente que a indústria das Tecnologias da Informação e da Comunicação (TIC) tem registado um crescimento e uma expansão contínuos, bem como um rápido progresso na política e na tecnologia, resultando num mundo cada vez mais competitivo e ligado em rede (Chiemeke e Longe 2007). Atualmente, há mais utilizadores de TIC em todo o mundo e há mais pessoas a comunicar do que nunca.

Reconhecendo os ganhos e as potencialidades das TIC, como a tecnologia sem fios, para acelerar o desenvolvimento económico e melhorar a vida das pessoas, a comunidade internacional sublinhou a importância de melhorar o acesso às TIC, em particular nos países em desenvolvimento como a Nigéria.

As técnicas de disseminação de informação na Nigéria passaram assim por diferentes fases de avanços tecnológicos. Por exemplo, no passado, os vários meios de divulgação de informação eram os correios, os pregoeiros, a rede telefónica pública (PSTN), o telegrama, etc. (Chiemeke e Longe 2007). A evolução das TIC tornou necessária a utilização de outros meios de comunicação, que são mais rápidos, mais baratos, portáteis, mais eficientes e mais fiáveis. Atualmente, os principais meios de comunicação na Nigéria são os sistemas de comunicação sem fios, como a Internet e o Sistema Global de Comunicação Móvel (GSM). Os produtos GSM trouxeram consigo comodidade, mobilidade e portabilidade no processo de informação e comunicação. Atualmente, na Nigéria, a prevalência dos sistemas sem fios tornou possível a transação formal de uma vasta gama de serviços. De acordo com Chiemeke e Longe (2007), a utilização de sistemas sem fios fixos e móveis oferece vantagens fundamentais para tornar os serviços de Internet universalmente disponíveis devido à rapidez da sua implantação. Essencialmente, com os sistemas sem fios, as pessoas agora cooperam, produzem e trocam mercadorias, partilham ideias e informações, bem como se ajudam mutuamente em momentos de necessidade. De acordo com Chuah e Zhang (2006), a vantagem mais anunciada dos sistemas de comunicação sem fios é a facilidade com que um utilizador móvel faz chamadas *em qualquer lugar* e *a qualquer hora.* Muito importante, os sistemas sem fios, como o GSM, as televisões por satélite e a utilização da Internet, tendem a reduzir o fosso que separa os países em desenvolvimento dos países desenvolvidos. Outras vantagens das comunicações sem fios, resumidas pela Nokia Networks (2002), podem ser as seguintes

- Existe uma grande tolerância às perturbações entre células devido ao trajeto do rádio digital
- A qualidade média do discurso é melhor do que nos sistemas com fios
- A transmissão de dados é suportada em todo o sistema GSM
- Este sistema permite oferecer novos serviços
- O roaming internacional é possível com este sistema
- Aumenta a concorrência no grande mercado, reduzindo assim os custos

Apesar das vantagens oferecidas pelas tecnologias sem fios, o facto é que a proliferação e a utilização generalizada dos sistemas sem fios têm colocado muitos desafios, tanto para os utilizadores como para os fornecedores. Consequentemente, este facto tem dificultado o crescimento e o desenvolvimento das infra-estruturas e a implementação das TIC na Nigéria. Ultimamente, estes desafios têm colocado novas ameaças à segurança e preocupações para os utilizadores, tendendo invariavelmente a minar os potenciais ganhos oferecidos pelas TIC e tecnologias conexas. Por exemplo, podemos imaginar a facilidade com que um espião intercepta e manipula ilegitimamente a informação transmitida através de sistemas de comunicação sem fios. Ou ainda, podemos também considerar os casos em que uma pessoa não consegue efetuar uma chamada importante mas urgente devido à falta de serviço sem fios na localidade onde se encontra. Parece absurdo! Considere-se também um caso em que um pirata informático consegue aceder a dados importantes e confidenciais apenas porque esses dados podem ser localizados através de um meio sem fios. Não há dúvida de que, nos últimos tempos, se têm registado muitas mais violações de segurança deste tipo, em resultado da proliferação das comunicações sem fios.

Com todos estes lapsos, que são ainda mais predominantes nos fornecedores de serviços sem fios na Nigéria, as perguntas a fazer são: estes fornecedores de serviços sem fios, incluindo a Mobile Telephone Network (MTN) Nigéria, consideram a enormidade destes desafios como uma questão crucial? Que medidas estão em vigor para atenuar estes desafios e obter um desempenho ótimo? As respostas a estas perguntas serão supostamente reveladas à medida que formos lendo o livro.

O presente estudo é considerado fundamental, especialmente agora que o governo federal desregulamentou o sector das telecomunicações, criando assim um terreno propício para os operadores privados. O estudo destina-se, supostamente, a servir de teste decisivo à credibilidade do esforço de desregulamentação do governo, que espera um certo boom económico como parte dos dividendos da privatização do sector das telecomunicações. Por conseguinte, o estudo centrou-se nos desafios que os indivíduos, o governo e os fornecedores de serviços sem fios enfrentarão em resultado do advento das comunicações sem fios na Nigéria.

As comunicações sem fios são, de qualquer modo, o segmento de mais rápido crescimento da indústria das comunicações. Como tal, captaram a atenção dos meios de comunicação social e a imaginação do público. Os sistemas celulares registaram um crescimento exponencial na última década e existem atualmente cerca de dois mil milhões de utilizadores em todo o mundo [1 - 3]. As estatísticas mais recentes da União Internacional das Telecomunicações (UIT), de 2013, revelam que [4] existem mais de 6 mil milhões de assinantes de serviços móveis em todo o mundo e mais de 40% da população mundial tem acesso à Internet. Os autores em [5] e [6] definem as comunicações sem fios como a transmissão de um sinal de mensagem através de ondas de radiofrequência de baixa energia, utilizando como meios o ar livre, um transmissor e um recetor. O sinal de mensagem é transmitido para o local da antena mais próximo e é entregue através de um cabo de fibra ótica a um telefone com fios ou por sinal de rádio a outro telefone sem fios. A natureza aberta das redes sem fios torna as transmissões sem fios muito propensas a vários ataques maliciosos por parte de intrusos. Estes vão desde ataques de negação de serviço, escutas para interceção de dados, roubo de identidade, violação dos direitos de privacidade, até à inserção de vírus ou códigos maliciosos para perturbar transmissões legítimas e ataques de empastelamento. Além disso, os intrusos podem desativar a proteção da firewall para ter acesso a informações sensíveis transmitidas entre dois dispositivos sem fios, se essas informações não estiverem bem protegidas por uma cifragem forte. Daí a necessidade de melhorar a segurança das comunicações sem fios para lutar contra as actividades cibercriminosas, uma vez que um maior número de pessoas utiliza redes sem fios, como as redes celulares e Wi-Fi, para operações bancárias em linha e correio eletrónico pessoal, devido à utilização generalizada de smartphones [6] .

Nos trabalhos de [7], citamos que as redes sem fios adoptam geralmente a arquitetura de protocolo OSI (open systems interconnection), que inclui a camada de aplicação, a camada de transporte, a camada de rede [8], a camada de controlo de acesso ao meio (MAC) [9] e a camada física [10-11]. Cada uma destas camadas de protocolo tem as suas ameaças e vulnerabilidades individuais. Por conseguinte, deve ser dada proteção em cada camada da rede para satisfazer os requisitos de segurança da rede, que incluem a autenticidade, a confidencialidade, a disponibilidade e a integridade [6]. Por exemplo, a integridade e a confidencialidade dos dados são conseguidas através da utilização de técnicas criptográficas destinadas a impedir a divulgação de informações a utilizadores não autorizados. Para garantir a autenticidade de um chamador ou recetor, as redes sem fios existentes empregam classicamente várias abordagens de autenticação em diferentes camadas de protocolo. Algumas dessas abordagens incluem a autenticação na camada MAC [12], a autenticação na camada de rede [13], [14] e a autenticação na camada de transporte [15]. Por exemplo, o acesso não autorizado aos dados pode ser evitado na camada MAC através da simples autenticação do endereço MAC de um utilizador, enquanto que o Wi-Fi Protected Access (WPA) e o Wi-Fi Protected Access II (WPA2) são dois protocolos habitualmente utilizados para a autenticação na camada de rede [6], [16-17]. Além disso, os protocolos de segurança na camada de transporte incluem o Secure Socket Layer (SSL) e o Transport Layer Security (TLS) [18-20]. Por conseguinte, é óbvio que a exploração adequada de múltiplos mecanismos de autenticação pode eventualmente aumentar a segurança das redes sem fios. A Fig. 1 mostra os principais protocolos de segurança sem fios, como a autenticação, a autorização e a cifragem, para os quais se podem sustentar os outros factores de conceção.

É interessante notar que a natureza de difusão (a onda de ar) do meio sem fios torna as redes sem fios muito mais vulneráveis a riscos e ataques maliciosos do que as redes com fios correspondentes. Alguns desses ataques assumem a forma de escuta para intercetar dados [21], ataques de interferência para interromper transmissões legítimas, roubo de identidade, violação dos direitos de privacidade, ataques de negação de serviço [22], ataque de falsificação e sequestro de sessão [23], ataque man-in-the-middle [24], ataque de falsificação/injeção de mensagens [25], ataque de sniffing [22, 23], ataque de café com leite [26], redireccionamento de tráfego [27], etc. Para evitar quaisquer problemas relacionados com a confidencialidade, os autores em [28] e [29] propõem a utilização de técnicas criptográficas, que ajudarão a impedir a escuta de transmissões sem fios.

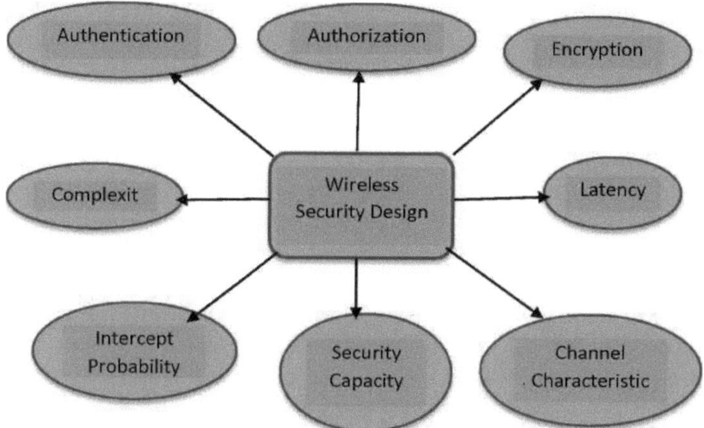

Fig.1.1: Elementos de conceção do protocolo de rede de segurança sem fios

1.2 ÂMBITO E ANTECEDENTES

Embora se possa dizer o mesmo de todos os sistemas de comunicações, as aplicações móveis têm requisitos e vulnerabilidades especiais, pelo que constituem uma preocupação especial (Imai 2006). Embora as redes sem fios tentem apresentar algumas vantagens em relação às suas congéneres com fios, parecem, no entanto, apresentar alguns desafios em termos de segurança, fiabilidade e privacidade, tanto para os utilizadores como para os fornecedores. Por exemplo, é agora possível aos espiões interceptarem e manipularem ilegitimamente as informações transmitidas através de sistemas sem fios. O mesmo não acontece com as redes com fios, em que o meio físico de transmissão pode ser protegido (Imai 2006). Nunca é demais realçar a importância da comunicação, uma vez que esta é vital em todas as facetas da vida humana, desde a mais primitiva à mais avançada. A tecnologia sem fios está a evoluir rapidamente e desempenha um papel cada vez mais importante na vida das pessoas em todo o mundo.

Aliás, a tecnologia digital da Nigéria remonta à década de 1980, com a introdução de comutadores digitais e sistemas de transmissão como o rádio e a fibra ótica na rede de telecomunicações. Desde o início da década de 90, os serviços de telefonia móvel (celular), paging e correio eletrónico fazem parte dos serviços oferecidos pela Nigerian Telecommunications Limited (NITEL), que até então gozava do monopólio da prestação, operação e manutenção de serviços de telecomunicações até 1992, quando foi criada a Nigeria Communications Commission (NCC) (Adegbemile 2007). Uma das principais razões para a criação da comissão foi o estabelecimento e a promoção de um ambiente favorável que facilitasse a integração dos operadores privados no sector das telecomunicações. Outros objectivos da comissão, tal como destacados por Tella *et al.* (2002), incluem

- Criar um ambiente regulamentar para o fornecimento de serviços e recursos de telecomunicações e promover uma concorrência leal e um comportamento eficiente do mercado
- Facilitar a entrada nos mercados de serviços e recursos de telecomunicações de pessoas que desejem fornecer esses serviços e recursos
- Garantir que os licenciados ou transportadores autorizados e outros fornecedores de serviços e infra-estruturas de telecomunicações cumpram as suas obrigações comerciais e outras obrigações

de forma a promover a cooperação e a equidade
- Assegurar que os titulares de licenças atinjam o nível mais elevado possível de responsabilidade e capacidade de resposta às necessidades dos clientes e da comunidade
- Garantir que os serviços telefónicos normais sejam fornecidos da forma mais eficiente e económica possível e com padrões de desempenho que satisfaçam razoavelmente as necessidades sociais, industriais e comerciais da comunidade, etc.

Aparentemente, os objectivos da comissão tornaram-se muito viáveis no ano 2000, que conduziu a nação a mais um avanço tecnológico nas TIC, uma vez que marcou o nascimento do Sistema Global de Telecomunicações Móveis (GSM) na Nigéria. Numa tentativa de cumprir um dos seus principais objectivos de criar um ambiente propício que integrasse os operadores privados e promovesse a concorrência leal no sector, em janeiro de 2001, a Comissão concedeu licenças a três operadores GSM, incluindo a Mobile Telephone Network (MTN) Nigeria (Adegbemile 2007).

A Mobile Telephone Network (MTN) Nigéria faz parte do MTN Group, a principal empresa de telecomunicações celulares de África. Tornou-se a primeira rede GSM a efetuar uma chamada em 16 de maio de 2001, na sequência do leilão de GSM nigeriano, mundialmente elogiado, realizado pela NCC no início do ano. Posteriormente, a empresa lançou operações comerciais completas em agosto de 2001, começando por Lagos, Abuja e Port Harcourt.

Desde o seu lançamento em agosto de 2001, a MTN tem vindo a implantar os seus serviços em toda a Nigéria, fornecendo serviços em mais de 223 cidades e vilas, mais de 10.000 aldeias e comunidades e um número crescente de auto-estradas em todo o país, abrangendo os 36 estados da Nigéria e o Território da Capital Federal, Abuja (Sesan 2007). Muitas destas aldeias e comunidades estão a ser ligadas ao mundo das telecomunicações pela primeira vez. Recentemente, a MTN Nigéria alargou a capacidade da sua rede de modo a incluir uma nova gama de números com o prefixo 081, tornando-se assim a primeira rede GSM na Nigéria a aumentar consistentemente a sua gama de números de assinantes, depois de ter esgotado as gamas de números iniciais.

Na qualidade de principal fornecedor de serviços de telecomunicações sem fios na Nigéria, a Mobile Telephone Network (MTN) Nigéria tem sido confrontada com desafios contínuos a nível da rede em muitas partes do país. Estes desafios vão desde a falta de cobertura sem fios, a má qualidade do serviço resultante do desvanecimento do sinal, a ineficiência espetral, o fornecimento epilético de energia e problemas de privacidade, fiabilidade e segurança. Isto pode dever-se à natureza imperfeita dos canais de comunicação, ou a um compêndio dos efeitos individuais de atenuação, interferência, distorção e ruído, que tendem a prejudicar a qualidade do serviço prestado por este fornecedor de serviços sem fios.

Nomeadamente, estão em voga várias técnicas, como as técnicas de diversidade, os sistemas MIMO (Multiple-Input Multiple-Output), o handoff vertical, o princípio da reutilização de frequências, bem como outros controlos de segurança sem fios, que podem ser utilizados para atenuar alguns destes desafios. O objetivo do presente estudo é, pois, explorar algumas destas técnicas e medidas de segurança, a fim de apresentar recomendações à MTN Nigéria.

O estudo será abordado tendo em conta as seguintes questões de investigação:
- Quais são os desafios das comunicações sem fios na Nigéria?
- Quais são os desafios enfrentados pela direção da MTN Nigéria?
- Que medidas estão a ser tomadas para mitigar estes desafios?
- Quais são os impactos das comunicações sem fios na economia rural da Nigéria?
- Porque é que alguns nigerianos não têm acesso a meios de comunicação sem fios?

CAPÍTULO 2

Visão geral das comunicações sem fios

2.1 INTRODUÇÃO

Adegbemile (2007) define a comunicação eletrónica como "*a transmissão, a receção e o processamento de informações através da utilização de circuitos electrónicos*". A informação em si é o conhecimento ou a inteligência comunicada (Tomassi 1992). A tecnologia da informação trata da capacidade de introduzir, processar, armazenar, produzir, transmitir e recuperar eletronicamente dados e informações, incluindo texto, gráficos, som e vídeo. De acordo com a Information Technology Association of America (ITAA), a tecnologia da informação é "*o estudo, a conceção, o desenvolvimento, a implementação, o apoio ou a gestão de sistemas de informação baseados em computadores, nomeadamente aplicações de software e hardware informático*". A tecnologia da informação aumenta a eficiência e a eficácia das operações comerciais. As comunicações sem fios são, portanto, uma tecnologia de informação emergente que torna possível a comunicação a qualquer momento e em qualquer lugar, sendo atualmente amplamente aplicada no mundo empresarial (Yen e Chou 2000).

Finkle II (2000) define a comunicação sem fios como a transmissão de um sinal de mensagem através de ondas de radiofrequência de baixa energia, utilizando o ar livre como meio, um transmissor e um recetor. De acordo com Adegbemile (2007), a comunicação sem fios refere-se às "*telecomunicações em que as ondas electromagnéticas (em vez de algum tipo de fio) transportam o sinal ao longo de parte ou de todo o percurso de comunicação*". O sinal da mensagem é transmitido para o local da antena mais próximo e é entregue através de um cabo de fibra ótica a um telefone com fios ou por sinal de rádio a outro telefone sem fios.

2.2 A ERA SEM FIOS

O nascimento das comunicações sem fios data do final do século XIX, quando M.G. Marconi foi o pioneiro ao estabelecer com êxito uma ligação de rádio entre uma estação terrestre e um rebocador (Chuah e Zhang 2006). Mais tarde, Fessenden inventou a modulação de amplitude (AM) em 1906 para a radiodifusão de música, enquanto em 1933 se assistiu à invenção da modulação de frequência (FM), por Edwin H. Armstrong (DU e Swamy 2009). De facto, nas últimas duas décadas assistiu-se a uma explosão nos avanços dos sistemas sem fios. Os sistemas de comunicações sem fios migraram dos sistemas analógicos de banda estreita de primeira geração (1G), na década de 1980, para os sistemas de banda estreita de segunda geração (2G), na década de 1990, e para os actuais sistemas multimédia de banda larga de terceira geração (3G), que estão a ser implantados (Du e Swamy 2009). Desde então, os sistemas de comunicação sem fios têm passado por uma série de desenvolvimentos e evoluções a um ritmo alucinante. Por exemplo, em 2002, os telemóveis em todo o mundo começaram a ultrapassar o número de telefones fixos. Em novembro de 2007, o número de assinaturas de telemóveis em todo o mundo rondava os 3,3 mil milhões e, nessa altura, mais de 798 milhões de pessoas em todo o mundo tinham acesso à Internet ou a serviços equivalentes de Internet móvel (Du e Swamy 2009). Os primeiros sistemas sem fios eram compostos por uma estação de base com um transmissor de alta potência e cobriam uma área geográfica significativamente grande. Cada uma das estações de base servia apenas um pequeno número de utilizadores e era também dispendiosa. Os sistemas não eram compatíveis e apenas alguns comunicavam com as redes telefónicas públicas comutadas (PSTN). Atualmente, porém, o número de estações de base com emissores de rádio de baixa potência aumentou significativamente, cobrindo agora uma vasta área geográfica. Este facto conduziu, consequentemente, à proliferação de sistemas móveis em todo o mundo. Pode assim afirmar-se que a evolução da tecnologia sem fios tem uma relação simbiótica com a evolução dos serviços móveis. Por exemplo, o **Sistema Global para Comunicações Móveis** (GSM) foi uma 2G (segunda geração) da fase evolutiva das comunicações sem fios, que viu a sua existência na década de 1990 (Nokia Networks Oy 2002). Os serviços móveis evoluíram da comunicação vocal básica para serviços multimédia de banda larga móvel. Até à data, os serviços móveis passaram por quatro fases de progressão, desde a comunicação simples, o descarregamento de alta velocidade, o descarregamento e o carregamento de alta velocidade, até aos serviços sensíveis à latência em tempo real, todos eles possibilitados pela tecnologia sem fios. Assim, os serviços e aplicações móveis em todo o mundo devem a sua existência à evolução dos avanços da tecnologia sem fios de ontem e de hoje (QUALCOMM Incorporated 2007). Para além dos serviços multimédia, como a voz, o áudio, o vídeo e os dados, a utilização generalizada das comunicações sem fios está também enraizada em muitos aspectos das nossas vidas, incluindo os cuidados de saúde, o lar, a automatização, etc., de tal modo que a falta de um serviço sem fios é considerada absurda por muitos dos que com ela se "casaram".

2.3 DIAGRAMA DE BLOCOS DE UM SISTEMA DE COMUNICAÇÃO

Um sistema de comunicação trata da transmissão de informações ou dados de um ponto para outro. A Fig. 2.1 representa o diagrama de blocos de um sistema de comunicação digital. Segundo Du e Swamy (2009), o diagrama também pode ser aplicável a sistemas de deteção remota, como o radar e o sonar, em que o transmissor e o recetor podem ter a mesma localização. Agrawal e Zeng (2006) observaram que:

- A fonte de informação gera uma mensagem a ser transmitida através do canal para um destino
- Uma mensagem pode ser um discurso, música, dados, imagens, vídeo, etc
- A fonte de informação física é primeiro convertida num sinal elétrico (corrente eléctrica) antes de ser enviada para o canal de comunicação. Esta é a tarefa de um transdutor.

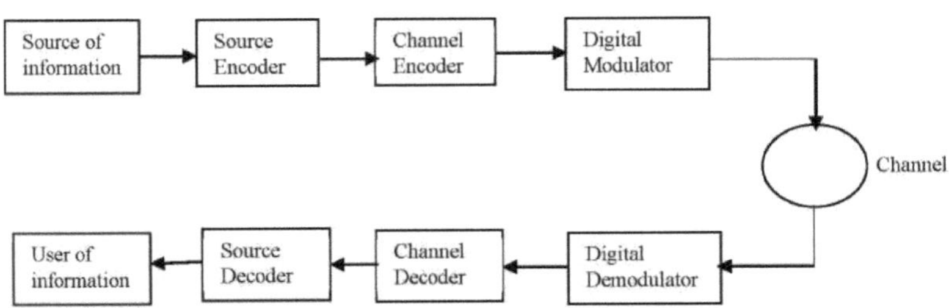

Fig. 2.1: Diagrama de blocos de um sistema de comunicação geral

Assim, a fonte gera sinais analógicos (por exemplo, fala, áudio, imagem e vídeo) ou dados digitais, como texto ou multimédia. A informação da fonte é transmitida ao codificador da fonte, que gera dados binários. Os dados binários gerados são então codificados num canal e modulados para gerar formas de onda para transmissão através de um canal. O canal está sujeito a vários tipos de deficiências (por exemplo, ruído) devido à sua natureza aberta. No recetor, todo o processo é invertido de modo a restaurar finalmente a informação original da fonte (Du e Swamy 2009). O diagrama pode, assim, ser reduzido à forma da Fig. 2.2, como se mostra de seguida:

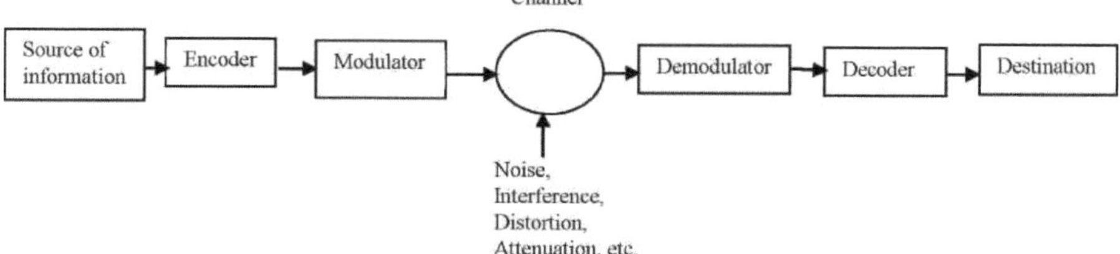

Fig. 2.2: Diagrama de blocos de um sistema de telecomunicações

Como já foi referido, os três elementos básicos de um sistema de comunicação digital são o transmissor, o canal e o recetor. No interior do transmissor encontram-se o codificador da fonte, o codificador do canal e o modulador digital. Além disso, no interior do recetor estão o desmodulador, o descodificador de canal e o descodificador de fonte.

O recetor desempenha a função oposta à do transmissor. Extrai o sinal desejado do canal e entrega-o ao transdutor de saída. O sinal recebido é geralmente fraco devido à atenuação. Assim, o recetor efectua várias operações de processamento do sinal, incluindo a desmodulação. A desmodulação é um processo concebido para repor as caraterísticas do sinal recebido na sua forma original. Devido à presença de ruído e de outros agentes de degradação do sinal, o recetor não pode recuperar perfeitamente o sinal da mensagem. No entanto, é possível conceber o recetor de modo a que seja reproduzida uma réplica aceitável da mensagem, se conhecermos o tipo e a duração do sinal original utilizado pelo modulador, bem como as caraterísticas físicas do canal.

O sinal recebido é então passado para o transdutor de saída que converte o sinal elétrico em sinal áudio. Um bom exemplo de um transdutor de saída é o auricular do telefone, que converte a forma de onda eléctrica que incide no seu diafragma em discurso audível. A partir do transdutor de saída, o sinal é então enviado para a última etapa do seu percurso, que é o destino ou o utilizador.

Para ilustrar a forma como um determinado sistema de comunicação se enquadra no modelo acima descrito, consideremos o caso da telefonia. Neste caso, utilizaremos o exemplo de uma conversa telefónica entre dois assinantes locais. Neste caso, a fonte é a pessoa que inicia a chamada telefónica. O transdutor de entrada e o transmissor (neste caso) é o microfone no aparelho telefónico. Este converte os sinais de voz ou áudio da fonte em sinais eléctricos correspondentes e transmite-os para o canal. Neste caso, o canal de comunicação é o cabo telefónico. O recetor e transdutor de saída é o auricular do aparelho telefónico. Este executa a função inversa do transmissor, ou seja, converte o sinal elétrico recebido em sons de voz. A mensagem eléctrica audível do auricular é então ouvida pela pessoa que recebe a chamada telefónica. O ruído introduzido pelo canal, neste caso, assume normalmente a forma de distorção da voz e de zumbido de fundo.

Mais uma vez, tomemos o caso de um boletim de notícias de um estúdio de televisão. Neste caso, a fonte é o apresentador ou locutor. A imagem do locutor é captada pela câmara de televisão e depois convertida numa forma de onda eléctrica chamada sinal de vídeo. Do mesmo modo, um microfone converte as ondas sonoras emitidas pelo locutor num sinal elétrico denominado sinal áudio. Neste caso, o transdutor de entrada é constituído pela câmara de televisão e pelo microfone. Tanto o sinal áudio como o sinal vídeo são depois introduzidos no transmissor de televisão do estúdio, que os transforma num novo sinal que contém ainda as informações relativas ao som e à imagem, mas que possui propriedades mais adequadas à transmissão por propagação de ondas de rádio. O canal, neste caso, é o espaço livre e as contaminações incluem ruído, distorção e interferência de sinal. Uma antena doméstica, situada a alguma distância, capta o sinal que, entretanto, sofreu algumas alterações durante o seu percurso e transmite-o ao recetor de televisão (ou seja, ao aparelho de TV). Assim, separa os sinais áudio e vídeo e aplica-os ao transdutor de saída. Neste caso, o transdutor de saída é o altifalante e o tubo de imagem. Estes recriam a informação do som e da imagem, respetivamente. O destino, neste caso, é o observador ou a pessoa que está a ver a televisão.

Aqui, a informação ou mensagem da fonte é enviada ao transmissor para modulação e amplificação. Depois disso, o sinal modulado é transmitido ao recetor através de um canal ou caminho. No recetor, a informação é descodificada ou desmodulada e a mensagem é reproduzida. No entanto, o tipo de transdutor utilizado para converter uma fonte de informação num sinal elétrico para posterior transmissão ao canal depende em grande medida da natureza da fonte de informação. De acordo com Jayaweera (2009), o quadro seguinte pode ser utilizado para descrever os diferentes tipos de transdutores em função das fontes de informação disponíveis:

QUADRO 2.1: FONTES DE INFORMAÇÃO E TRANSDUTORES

Information Source	Transducer
1. Audio (e.g. voice, music)	Microphone (a piezoelectric device)
2. Image	Scanner (optical detector)
3. Scenery	Video camera
4. Data file on your hard drive	Magnetic (or optical) head

A secção central do sistema é o canal que, neste caso, está ligado ao transmissor e ao recetor através de meios sem fios (por exemplo, espaço livre). De acordo com Du e Swamy (2009), existem três tipos de canais de transmissão comuns, nomeadamente: canais sem fios, canais de ondas electromagnéticas guiadas e canais ópticos. No entanto, um canal pode ser um par de fios (por exemplo, fios de cobre), um cabo coaxial (por exemplo, TV por cabo), fibras ópticas (por exemplo, cabos submarinos), ondas de rádio, raios laser ou espaço livre (comunicações sem fios). O canal sem fios é normalmente a atmosfera ou o espaço livre. Independentemente do tipo de meio utilizado, a saída do canal é normalmente uma versão manchada ou distorcida da entrada. Esta deterioração durante o processo de transmissão e receção deve-se à natureza não ideal do canal de comunicação. Este facto coloca muitos problemas, uma vez que introduz efeitos indesejados e indesejáveis, que invariavelmente corrompem o sinal portador de informação. Como resultado, são introduzidos erros na informação que está a ser transmitida. De acordo com Onoh (2005), os factores que podem afetar ou degradar o desempenho do sistema podem incluir a atenuação (que é uma diminuição progressiva da potência do sinal com o aumento da distância), a distorção e a interferência (que é uma contaminação causada por sinais estranhos que são normalmente produzidos pelo homem e de forma semelhante ao sinal desejado).

2.4 OBJECTIVOS DAS COMUNICAÇÕES SEM FIOS

De acordo com Stark (2002), a comunicação sem fios visava atingir os seguintes objectivos

- Elevado débito de dados (elevada eficiência da largura de banda)
- Baixa potência (elevada eficiência energética)

- Grande capacidade (número de utilizadores)
- Interoperabilidade
- Baixa complexidade/custo
- Baixo atraso para voz, e
- Elevada fiabilidade

Estes objectivos são difíceis de alcançar tendo em conta os desafios de um canal de comunicação móvel, no qual a amplitude e a fase do sinal estão constantemente a mudar devido ao cancelamento construtivo e destrutivo dos sinais num ambiente de desvanecimento multipercurso (Stark 2002). A comunicação é caracterizada por perda de propagação (que depende da distância entre a estação de base e o telemóvel), sombreamento e desvanecimento rápido (multipercurso), que se devem ao facto de existirem múltiplos caminhos entre o transmissor e o recetor.

2.5 AVANÇOS NAS COMUNICAÇÕES SEM FIOS

O nascimento das comunicações sem fios é atribuído a M.G Marconi no final do século XIX, quando foi pioneiro no estabelecimento de uma ligação rádio entre uma estação terrestre e um rebocador [30]. Fessenden sucedeu-lhe em 1906, quando inventou a modulação de amplitude (AM) para a radiodifusão musical, enquanto Edwin H. Armstrong introduziu a modulação de frequência em 1933 [31]. De facto, desde as últimas duas décadas, temos assistido a uma explosão nos avanços dos sistemas sem fios. A migração dos sistemas de comunicações sem fios remonta à década de 1980, desde a primeira geração (1G), em que a transmissão de voz era efectuada através de sinalização analógica de banda estreita, até aos sistemas de banda estreita de segunda geração (2G), na década de 1990, que utilizavam técnicas de comunicação digital com TDMA, FDMA ou CDMA. A 2G foi utilizada para a transmissão de sinais de voz, operando em GSM 900MHz com GPRS 56Kbps a 114Kbps. A tecnologia 2G assistiu também à invenção do Global Systems for Mobility (GSM), do personal digital cellular (PDC), do IS-136 e do IS-95, que utilizam técnicas de transmissão digital [5], [32-33]. Atualmente, diferentes tecnologias sem fios, como o GSM, o CDMA e o TDMA, estão implantadas em todo o mundo para redes 2G, 2,5G e, eventualmente, 3G. Nos trabalhos de [34]-[35], [44] e [36], descobrimos que a taxa de dados de 144 Kbps oferecida pela rede 2,5G era superior à oferecida pela rede 2G e podia também ser utilizada para fornecer serviços de dados básicos, como mensagens de texto. No entanto, a 2,5G não podia ser utilizada para descarregar uma imagem ou navegar num sítio Web a partir de um PDA [34, 37]. A tecnologia 3G foi concebida para ultrapassar as várias limitações da tecnologia 2G. Este tipo de tecnologia deve, pelo menos, oferecer serviços mais inovadores e avançados, como os serviços multimédia de banda larga [35]-[36], [38]-[39]. Além disso, a tecnologia 3G deve tornar os serviços de informação imediatamente disponíveis. O Sistema Universal de Telecomunicações Móveis (UMTS) é uma tecnologia de telemóveis 3G, que está também a ser desenvolvida para uma tecnologia 4G. As tecnologias 3G utilizavam técnicas de comunicação digital que envolviam a transmissão de sinais de voz, bem como serviços multimédia. A tecnologia 3G foi seguida pela tecnologia 3,5G ou $3G^+$ (HSDPA), que visava uma velocidade de 7,2 a 14,4 Mbps nos telemóveis para descarregar ficheiros mp3 a alta velocidade [40] - [43].

A tecnologia 4G, recentemente lançada, tem como objetivo completar o ciclo de avanço tecnológico nas comunicações sem fios para melhorar o acesso sem fios de banda larga com taxas de dados de 100 Mbps. Uma tecnologia 4G pode garantir uma velocidade muito mais rápida na transferência de dados e uma cobertura de área mais alargada. Um sistema 4G, também conhecido como tecnologia LTE (Long Term Evolution), deve ser capaz de fornecer uma solução IP abrangente e segura, em que voz, dados e multimédia em fluxo contínuo possam ser fornecidos aos utilizadores "*a qualquer hora e em qualquer lugar*" e com um débito de dados superior ao das gerações anteriores.

Uma rede local sem fios (WLAN) é um sistema flexível de comunicação de dados que pode utilizar tecnologia de infravermelhos ou de radiofrequência para transmitir e receber informações através do ar. A primeira norma WLAN - 802.11 foi implementada em 1997 com base na tecnologia de rádio que funciona com uma frequência de 2,4 GHz e um débito máximo de 1 a 2 Mbps. A norma mais atual, IEEE 802.11B, foi introduzida no início de 2000 com a mesma gama de frequências, mas com uma velocidade máxima de 11 Mbps. Uma das principais vantagens das WLAN é a simplicidade da sua instalação, que normalmente elimina a necessidade de passar cabos através de paredes e tectos. As unidades básicas de uma WLAN são os pontos de acesso (APs) e as placas de interface de rede (NICs)/adaptadores de cliente. Mais informações sobre WLAN podem ser encontradas nos trabalhos de [13, 41 & 43].

Aliás, registaram-se enormes avanços na tecnologia das telecomunicações sem fios. Beaubrun e Pierre (2001) observaram que a tecnologia sem fios registou um crescimento significativo nos últimos 10 anos e é atualmente o segmento das telecomunicações que regista o crescimento mais rápido. Segundo eles, "*os telemóveis tornaram-se um acessório quotidiano para centenas de milhões de pessoas e são cada vez mais utilizados nos países mais desenvolvidos e em muitos países em desenvolvimento do mundo*". Com isto, Moore (2006) explica o crescimento significativo dos serviços de comunicações sem fios, que, segundo ele, está a tornar-se *explosivo* em muitos países. O autor descreve a procura de telefonia sem fios por parte dos consumidores nos Estados Unidos e utiliza-a para avaliar o que pode ser obtido noutros países. Segundo ele, em 2005, havia mais de 201 milhões de assinantes de telemóveis nos Estados Unidos e, aproximadamente no mesmo período, assistiu-se a um aumento dramático da utilização da Internet. Isto prova ainda que os avanços nas tecnologias sem fios estão aparentemente a convergir com a tecnologia da Internet para promover novas gerações de aplicações (Moore 2006).

Considerando o facto de muitos países estarem a passar da rede com fios para a rede sem fios, Pandya (1999) observou que o ritmo a que a telefonia fixa está a ser substituída pela telefonia móvel é enorme. Segundo ele, "*a cobertura sem fios é quase universal nos países desenvolvidos, enquanto nos países em desenvolvimento está a tornar-se cada vez mais um substituto das redes com fios*". Afirmou ainda que, com este ritmo crescente, a procura de acesso sem fios às comunicações globais poderá ultrapassar os 3 mil milhões de pessoas antes do final de 2010.

Obviamente, o avanço da tecnologia das telecomunicações sem fios tem seguido uma tendência particular. Com base na experiência, poder-se-ia deduzir que o prazo de desenvolvimento dos sistemas de telefonia móvel é de cerca de 10 anos. Isto decorre do facto de os sistemas de primeira geração (1G), como o AMPS, o TACS e o NMT, que foram implantados no início da década de 1980, terem sido sucedidos pelos sistemas de segunda geração (2G) no início da década de 1990 e, desde então, terem seguido exatamente essa tendência! A principal distinção entre 1G e 2G reside provavelmente nas técnicas de sinalização. De acordo com Beaubrun e Pierre (2001), os sistemas de primeira geração (1G) utilizavam sinalização analógica para a transmissão de voz, enquanto os sistemas de segunda geração (2G) utilizavam sinalização digital para a mesma transmissão de voz. No entanto, ambos partilhavam a mesma caraterística de transmissão de voz, independentemente da técnica utilizada. Entretanto, os sistemas de segunda geração (2G), tais como os sistemas globais para a mobilidade (GSM), o telemóvel digital pessoal (PDC), o IS-136 e o IS-95, que utilizam técnicas de transmissão digital, oferecem serviços que abrangem a voz e dados de baixa taxa de bits (Beaubrun

e Pierre 2001). Enquanto a rede 1G era utilizada para efetuar chamadas de voz e enviar mensagens de texto, a rede 2G, que continua a ser a tecnologia mais difundida em todo o mundo, fornecia dados a uma velocidade lenta de 9,6 kbytes/seg (Raju 2009). Talvez a maior desvantagem da rede 1G seja o facto de não permitir o contacto fora das instalações de um determinado país, uma vez que Raju (2009) salientou que *"não* existiam *facilidades de roaming entre operadores"*.
Atualmente, estão implantadas em todo o mundo diferentes tecnologias sem fios (por exemplo, GSM, CDMA e TDMA) para redes 2G, 2,5G e, eventualmente, 3G. Enquanto Beaubrun e Pierre (2001) consideram que a tecnologia TDMA foi concebida para converter suavemente o AMPS em digital e é uma tecnologia comprovada para serviços melhorados (por exemplo, indicador de mensagem em espera, identificação do autor da chamada, privacidade da voz, autenticação, serviço de mensagens curtas (SMS), comunicações de dados, etc.); e que a tecnologia CDMA tem um espetro superior para a comunicação de dados.Khan e Frontmatter (2009) argumentaram que a rede 2,5G oferecia um débito de dados mais elevado, de 144 Kbps, muito superior ao da rede 2G, e que também era utilizada para fornecer serviços de dados básicos, como mensagens de texto. No entanto, a rede 2,5G não podia ser utilizada para descarregar uma imagem ou navegar num sítio Web a partir de um PDA (Raju 2009). Os membros desta família de tecnologias incluem o GPRS, o EDGE e o CDMA2000. É instrutivo notar que a conceção da tecnologia 3G começou precisamente quando a 2G começou a ser implementada. Esta família de tecnologias serviria tanto para aplicações de voz como de dados, uma vez que Khan e Frontmatter (2009) salientaram que a conceção da tecnologia 3G visava ultrapassar todas as limitações das tecnologias 2G, enquanto Moore (2006) argumentou que a sua implantação visava oferecer serviços mais avançados e inovadores, tais como serviços multimédia de banda larga e de alta taxa de bits. Além disso, observou que os sistemas 3G deveriam ser capazes de disponibilizar instantaneamente serviços de informação. Uma das principais caraterísticas do sistema 3G é a sua capacidade de itinerância. Note-se que a União Internacional das Telecomunicações (UIT), uma organização das Nações Unidas responsável pelas normas globais de telecomunicações, tem vindo a trabalhar desde 1998 no sentido de desenvolver uma norma internacional para o acesso sem fios à infraestrutura global de telecomunicações (Beaubrun e Pierre 2001). Esta norma é designada IMT-2000 (International Mobile Telecommunications 2000). Segundo Pandya (1999), a IMT- 2000 representa os sistemas 3G destinados a fornecer acesso global e comunicações multimédia e é equivalente ao Universal Mobile Telecommunications System (UMTS) na Europa. O UMTS tem capacidades de roaming global e uma velocidade três vezes superior à de um serviço GSM, pelo que é designado por serviço 3GSM. Existe também o 3,5G ou $3G^{+}$ (HSDPA) que oferece entre 7,2 e 14,4 Mbps nos telemóveis e pode ser utilizado praticamente para descarregar ficheiros mp3 em segundos (Raju 2009).

Outros avanços na tecnologia sem fios, tal como indicado por Yen e Chou (2000) e Beaubrun e Pierre (2001), podem ser classificados distintamente nos seguintes grupos: sistemas de chamada de pessoas, telefone sem fios, sistemas de rádio móvel celular, sistemas de dados sem fios de área alargada, serviço de comunicações pessoais (PCS), sistemas de lacete local sem fios (WLL), assistentes pessoais digitais sem fios (PDA), Bluetooth, redes locais sem fios (WLAN) e sistemas móveis baseados em satélites.

2.6 PANORÂMICA DO SECTOR DAS TELECOMUNICAÇÕES DA NIGÉRIA

Adegbemile (2007) observou que as instalações de telecomunicações na Nigéria foram criadas pela administração colonial em 1886. Afirmou ainda que, em 1960, quando o país se tornou independente, com uma população de 40 milhões de pessoas, existiam apenas 18 724 linhas telefónicas para utilização. Entre 1960 e 1985, o sector das telecomunicações era constituído pelo departamento de Correios e Telecomunicações (P e T). Enquanto este departamento supervisionava os serviços de rede interna do país, a Nigerian External Telecommunications (NET) Limited era responsável pelos serviços de telecomunicações externas (Tella, Amaghionyeodiwe e Adesoye 2002). A existência de duas organizações distintas estava repleta de problemas, uma vez que não havia coordenação do planeamento, implementação, operação, manutenção e faturação das infra-estruturas, entre outros. Para além disso, havia políticas mal definidas e inconsistentes em relação aos planos de desenvolvimento nacional, bem como falta de normalização do equipamento, tal como referido por Chiemeke e Longe (2007).

No que parecia ser uma medida rápida para apagar as controvérsias que abalavam os dois departamentos, em janeiro de 1985, o departamento de P&T foi dividido em Divisões de Correios e Telecomunicações, tendo a última sido fundida com a NET para formar a Nigeria Telecommunications Limited (NITEL), uma sociedade de responsabilidade limitada, enquanto a primeira foi reconstituída nos serviços postais nigerianos. Tella, Amaghionyeodiwe e Adesoye (2007) afirmam que a NITEL foi criada para harmonizar o planeamento e a coordenação dos serviços de telecomunicações internos e externos, racionalizar os investimentos no desenvolvimento das telecomunicações e fornecer serviços acessíveis, eficientes, fiáveis e económicos. Consequentemente, a NITEL tornou-se o principal fornecedor de serviços nacionais e internacionais. Este monopólio dos serviços teve consequências graves para o sector em termos de eficiência, custos elevados e falta de acesso universal. Esta situação é evidente, pois Adegbemile (2007) observou que, no início da desregulamentação em 1992, apenas 500 000 linhas podiam ser atribuídas à NITEL para cobrir uma população de 100 milhões de habitantes nessa altura.

Em novembro de 1992, o governo criou a Nigerian Communications Commission (NCC) para atuar como organismo regulador no sector das telecomunicações. Esta medida não foi alheia ao esforço de desregulamentação do governo federal da Nigéria no sector das telecomunicações, uma vez que Adegbemile (2007) afirmou que, em 1993, a NCC foi inaugurada para assumir a regulamentação das actividades de telecomunicações da divisão de planeamento e operação da NITEL. Apesar de os esforços de desregulamentação do governo terem começado parcialmente em 1991, com 11 empresas a obterem licenças para fornecer linhas fixas, o dia finalmente amanheceu em maio de 1999, quando a administração de Olusegun Obasanjo assumiu a liderança; e isto ainda não estava operacional até à chegada dos operadores de telemóveis em 2000, quando o mercado nigeriano das telecomunicações arrancou. O governo de Obasanjo deu início à privatização da NITEL e concedeu licenças a três fornecedores de serviços GSM, nomeadamente a MTN Nigéria, a Celtel e a GloMobile. Esta abordagem proactiva do governo ao sector das telecomunicações foi acolhida de forma significativa com efeitos positivos no sector das telecomunicações, uma vez que provocou um aumento sem precedentes do acesso universal dos cidadãos às instalações de telecomunicações (Chiemeke e Longe 2007).

2.7 EVOLUÇÃO DAS COMUNICAÇÕES SEM FIOS NA NIGÉRIA

Embora na Nigéria a situação esteja muito longe do que se verifica nos países avançados, o caso tem, no entanto, um aspeto muito diferente, uma vez que a trajetória de desenvolvimento da tecnologia sem fios tem sido tremenda e com uma velocidade crescente, ao contrário do que se pode verificar noutros países em desenvolvimento. No entanto, este facto não é surpreendente, uma vez que Henten

(2009) afirmou que os desenvolvimentos não são inteiramente iguais em todas as partes do mundo. Para reforçar este facto, salientou que os países da Ásia - Japão e Coreia do Sul - assumiram a liderança no desenvolvimento de novas aplicações móveis e sem fios, ao passo que os países europeus, que estavam na vanguarda dos desenvolvimentos 2G relacionados com o GSM, registaram geralmente um desenvolvimento relativamente mais lento no que diz respeito às tecnologias 3G. Entretanto, recorde-se que a Nigéria aderiu à rede celular digital mundial em janeiro de 2001, com a concessão de licenças a operadores privados pelo organismo regulador - a Comissão Nigeriana das Comunicações (NCC), criada em 1992 (Relatório NCC 2009). A entronização da governação democrática em 1999 foi considerada responsável pela abertura do caminho para a concessão de licenças GSM a três fornecedores de serviços, nomeadamente a MTN Nigéria, a Econet wireless limited (atualmente denominada Zain) e a Mtel (uma filial da NITEL plc em 2001), tendo a Globacom aderido em 2003 (Adeyinka *et al.* 2007). De acordo com Raitt (2005), a revolução GSM, que é uma fase de desenvolvimento da tecnologia sem fios de segunda geração (2G), deu os seus passos na Nigéria em agosto de 2001 e transformou imediatamente a face das TIC na Nigéria. Este desenvolvimento foi motivado pela necessidade de fornecer telecomunicações sem descontinuidades a nível mundial. Para Adeyinka *et al.* (2007), o GSM na Nigéria significa *"explosão das telecomunicações"*, enquanto Wojuade (2006) o descreveu como um dos desenvolvimentos mais explosivos que tiveram lugar no sector das telecomunicações. Isto deve-se provavelmente ao facto de, desde o lançamento do GSM, a telefonia móvel se ter tornado rapidamente o método mais popular de comunicação por voz na Nigéria. O crescimento, de acordo com Raitt (2005), tem sido tão rápido que a Nigéria está a ser ligeiramente descrita em vários fóruns como *"um dos mercados GSM de mais rápido crescimento no mundo"*. Assim, Raitt (2005) descreve o GSM atual na Nigéria como uma tecnologia sem fios de enorme sucesso e uma história sem precedentes de sucesso global.

De acordo com a notícia do jornal The New Nigerian (2009), "*o sector das telecomunicações nigeriano é um dos sectores com melhor desempenho da economia nigeriana e um dos empregadores de mão de obra com crescimento mais rápido no país. A partir de 2004, o sector teve um impacto na criação de 5000 empregos diretos e mais de 400 000 indirectos. O seu rápido crescimento levou alguns projectos a prever que a indústria valerá 10 mil milhões de dólares até 2010*". Na mesma instância, Tella, Amaghionyeodiwe e Adesoye (2007) também observaram que o sector das telecomunicações na Nigéria está a sofrer mudanças muito rápidas e um crescimento explosivo. Por exemplo, observaram que as listas de espera para linhas telefónicas desapareceram, enquanto as tarifas telefónicas para chamadas locais, nacionais e internacionais estão gradualmente entre as mais baixas de África. Sesan (2007) reconheceu que a liberalização do sector das telecomunicações e a consequente concorrência dos operadores privados trouxeram vantagens substanciais para os assinantes em termos de rentabilidade. Isto está obviamente de acordo com a recente aclamação global do sector nigeriano das telecomunicações como um dos mercados móveis de mais rápido crescimento no mundo. Este facto foi amplamente evidente e relacionado com o caso entre 2000 e 2004, quando a base total de subscritores de linhas fixas e móveis ligadas visava uma taxa média de crescimento de 125% ao ano (Tella, Amaghionyeodiwe e Adesoye 2007). Os quadros seguintes, tal como apresentados por Adegbemile (2007), representam a taxa de crescimento do sector das telecomunicações na Nigéria de 1960 a 2005, bem como o total de linhas ligadas e a tele-densidade de 2005 a 2006:

QUADRO 2.2 LINHAS TELEFÓNICAS EM SERVIÇO, 1960-2005

	Telephone lines in service		Tele-density	
Year	**Fixed line**	**Mobile line**	**Fixed line**	**Mobile line**
	,000		.000	
1960	18,724		0.5	
1986	214,108		0.275	
1987	235,398		0.294	
1988	266,784		0.325	
1989	275,149		0.327	
1991	290,000		0.3625	
1992	330,000		0.3900	
1993	370,000		0.4110	
1995	390.000		0.4201	
1996	400,000		0.430	
1998	410,000	30,000	0.4315	0.0222
1999	420,000	30,000	0.4421	0.0315
2001	440,000	400,000	0.4400	0.4200
2002	492,000	678,600	0.4920	o.536
2003	608,790	1,702,400	0.500	1.31
2004	767,233	4,102,400	0.6138	3.02
2005	1,200,000	12,800,000	0.96	10.24

QUADRO 2.3 TOTAL DE LINHAS LIGADAS E DENSIDADE TELE, DEZ 2005 - AGOSTO 2006

	Dec.'05	Jan.'06	Feb.'06	March.'06	April.'06	May.'06	June.'06	July.'06	Aug.'06
Fixed	1223253	1242559	1315141	1395786	1424084	1481611	1503030	1538215	1589026
mobile	18587000	1988772	20537732	21517131	22596078	23596542	24375705	25361423	26360868
Tele-density	16.27	17.62	18.24	19.09	19.85	20.89	21.57	22.56	23.50

O quadro 2.4 mostra rapidamente o crescimento do sector das telecomunicações na Nigéria, de acordo com os dados da Nigerian Communications Commission (NCC) (2005):

QUADRO 2.4 CRESCIMENTO DO SECTOR DAS TELECOMUNICAÇÕES NA NIGÉRIA

	2000	2001	2002	2003	2004
Population	120,000,000	120,000,000	120,000,000	120,000,000	120,000,000
Households	12,800,524	13,173,020	13,545,516	13,893,868	14,254,520
Fixed	555,374	600,321	702,000	888,534	1,027,519
Mobile	35,000	266,461	1,569,050	3,149,472	9,174,209
Total	588,374	866,782	2,271,050	1,038,006	10,201,728
Internet users	107,194	153,350	420,000	1,613,258	1,769,661
Internet penetration (%)	0.1	0.1	0.3	1.3	1.5
Tele-density (%)	0.49	0.72	1.89	3.36	8.5
Fixed Growth (%)	16.9	8.5	16.9	26.6	15.6
Mobile Growth (%)	0.0	661.3	488.8	100.7	191.3
Total Growth (%)	15.7	47.3	162.0	77.8	152.6
Growth in Internet users		43.06	173.88	284.11	969
Tele-density Growth (%)	16.7	46.9	162.5	77.8	153.0

A partir do quadro acima, pode facilmente deduzir-se que as tendências actuais de utilização da Internet na Nigéria e a sua taxa de penetração não são contemporâneas da utilização de telemóveis GSM, que aparentemente têm uma maior proliferação. Este facto está provavelmente de acordo com Chiemeke e Longe (2007), que têm uma opinião duvidosa sobre o ritmo de utilização da Internet na Nigéria. Segundo eles, embora os cibercafés sejam comuns na maioria das grandes cidades e instituições de ensino, bem como nos centros comerciais/empresariais, os indivíduos na Nigéria podem não ter um acesso fácil, ao contrário dos países desenvolvidos, onde os indivíduos estão bem ligados à Internet. Chukwudebe e Chika (2008) apontaram as seguintes razões para este facto

- Falta de infra-estruturas de redes de comunicação adequadas
- Custo relativamente elevado do equipamento

- Falta de interesse e de apoio por parte do governo
- Problemas relacionados com o apoio técnico e de gestão da ligação à Internet

2.8 IMPACTOS DAS TELECOMUNICAÇÕES

As telecomunicações são uma parte importante da sociedade moderna. Wojuade (2005) observa que um grande avanço no desenvolvimento das telecomunicações são os sistemas telefónicos sem fios, que podem ser linhas fixas sem fios ou o sistema global de comunicações móveis (GSM). De acordo com Balogun (2000), o GSM facilita o desenvolvimento económico, uma vez que proporciona as comunicações necessárias para estimular e melhorar as operações comerciais entre a Nigéria e os seus homólogos estrangeiros. O relatório do jornal Nigeria Tribune de 16 de julho de 2004 revelou ostensivamente que a tesouraria do governo foi reforçada pelo pagamento de mais de 200 mil milhões de nairas em impostos e taxas. Em 2006, as estimativas situavam as receitas da indústria das telecomunicações em 1,2 biliões de dólares (The New Nigerian 2009). É certo que o GSM tende a colmatar o fosso rural-urbano, tal como Kauffman e Techatassanasoontorn (2005) observaram que os telemóveis digitais sem fios têm o potencial de colmatar o fosso entre os "que têm" e os "que não têm", dada a sua acessibilidade e preço. Adomi (2006) postulou que, desde o advento do GSM na Nigéria, as relações sociais e familiares, bem como a situação de segurança, melhoraram significativamente; enquanto Adeyinka *et al.* (2007) argumentaram que o surgimento do GSM levou a melhorias na eficiência e produtividade, reduções nos custos de transação, aumento da inovação de serviços e melhor qualidade de vida para os habitantes das zonas rurais. Atualmente, na Nigéria, o sector das telecomunicações foi reconhecido como o empregador de mão de obra que mais cresce. Tal decorre do relatório disponibilizado pela NCC (2005), que estimava em 5 000 o número de novos postos de trabalho diretamente ligados ao sector das telecomunicações. Por exemplo, Tella, Amaghionyeodiwe e Adesoye (2007) observaram que, em 2003, mais de 10 000 pessoas foram empregadas diretamente pelos operadores de GSM, enquanto um número estimado de 1 000 000 beneficiou indiretamente. Na sequência disto, Ndukwe (2004) afirmou que, no ano seguinte, mais de 2000 pessoas foram diretamente empregadas pelos operadores de GSM, enquanto uma estimativa de 400 000 nigerianos tendem a beneficiar indiretamente das pessoas empregadas por estes operadores. Sobre o impacto do GSM na criação de emprego para os habitantes das zonas rurais, Adeyinka *et al.* (2007) relataram que a maioria dos jovens que abandonaram a escola, que até então estavam ociosos e sem emprego, agora se dedicam à venda a retalho de materiais GSM e como prestadores de serviços locais. Isto pode ser aparentemente devido ao pequeno capital necessário para montar um negócio de GSM, o que reduziu drasticamente o número de jovens desempregados nas cidades e comunidades rurais.

Um dos relatórios apresentados pelo vice-presidente executivo da Nigerian Communications Commission (NCC), Ernest Ndukwe (2006), mostrou que a revolução do GSM na Nigéria gerou muitos impactos positivos, também chamados de dividendos para a nação. Alguns deles, observou, incluem a entrada de capital estrangeiro, o aumento do acesso a serviços telefónicos, a criação de emprego, o aumento das receitas fiscais para o governo, etc. Isto implica que a importância das telecomunicações no desenvolvimento económico e social da Nigéria não pode ser subestimada. Na sua investigação, Adegbemile (2007) também tem muito a dizer sobre os impactos das telecomunicações e os seus contributos para o desenvolvimento nacional. Para ele, os impactos diretos do sector no desenvolvimento da Nigéria são os seguintes

- Verifica-se um crescimento significativo do tráfego nacional e internacional de telecomunicações em resultado da disponibilidade do serviço de marcação direta internacional

- Aumento do número de transportadoras ou operadores nacionais
- Existem oportunidades de emprego
- Existe um elevado nível de receitas geradas com a utilização de melhores avanços na tecnologia das telecomunicações
- A fixação de preços justos e competitivos para os bens e serviços de telecomunicações é reforçada
- Melhoria da penetração dos serviços de telecomunicações em todas as formas de desenvolvimento económico e social
- Melhoria significativa do fluxo de informação entre as regiões rurais e urbanas, tendo sido reduzido o fosso de desenvolvimento económico entre as regiões
- Melhoria da eficiência das operações de mercado, facilitando o fluxo de informação e comunicação entre compradores e vendedores
- Facilitar a assistência médica de emergência, a consulta a longa distância e a garantia de qualidade em locais remotos, reduzindo assim o custo da prestação de cuidados médicos em todo o país.

CAPÍTULO 3

DESAFIOS DAS COMUNICAÇÕES SEM FIOS

3.1 INTRODUÇÃO

É de notar que um dos principais desafios dos fornecedores de serviços de comunicações sem fios é a falta de uma qualidade de serviço (QoS) eficiente, que pode ser causada pelo desvanecimento do sinal e pela ineficiência espetral, bem como por um compêndio de efeitos individuais de atenuação, distorção e interferência. Entretanto, nas últimas duas décadas, assistiu-se a um boom tecnológico nas comunicações sem fios. Registou-se um crescimento significativo da primeira geração (1G) de comunicações analógicas apenas de voz para a segunda geração (2G) de comunicações digitais de voz. As tecnologias 2G tornaram-se muito populares em todo o mundo e incluíam o GSM na Europa, o IS-136 (também conhecido como US-TDMA e Digital AMPS) nos EUA e o PDC (Personal Digital Communications) no Japão (Chiau 2006). Atualmente, as comunicações móveis de terceira geração (3G) não só fornecem serviços de voz digital, mas também serviços de videotelefonia, de acesso à Internet e de descarregamento de vídeo/música. Além disso, a próxima tecnologia de telefonia móvel de quarta geração (4G) visa fornecer serviços de vídeo e áudio de alta qualidade a pedido.

Aliás, estas tecnologias futuras (ou seja, 4G e WiMax) exigiriam taxas de dados elevadas e um maior alcance se tivessem de fornecer a qualidade de serviço (QoS) exigida pelos utilizadores finais. Para responder a este desafio, a tecnologia de comunicação sem fios tem de ser levada até aos limites físicos dos canais de rádio (Chiau 2006). No entanto, isto é limitado pelo facto de a engenharia de comunicações tradicional afirmar que a capacidade do canal ou a taxa de dados é limitada pela largura de banda e pela potência de transmissão. Este facto pode ser demonstrado através do critério de Shannon-Nyquist. De acordo com Chiau (2006), tendo uma largura de banda de canal disponível, W e uma relação sinal-ruído (SNR) sobre esta largura de banda, a taxa máxima de transmissão de dados é:

$$C = W\log_2(1+SNR) \quad \text{bit/s} \quad \ldots\ldots\ldots\ldots\ldots\ldots(1)$$

A partir da equação (1) acima, pode ser demonstrado que as taxas de dados só podem ser aumentadas através do aumento da ocupação da largura de banda ou da potência de transmissão. Além disso, um sistema convencional de comunicações móveis sem fios funciona com apenas uma antena, tanto no emissor como no recetor. Este sistema, designado por sistema de antena de entrada única e saída única (SISO), sofre um estrangulamento em termos de capacidade devido ao critério de Shannon-Nyquist, como indicado na equação (1) supra. De acordo com a equação anterior, aumentar a capacidade dos sistemas SISO para satisfazer a procura significa que a largura de banda e a potência de transmissão têm de ser aumentadas significativamente. No entanto, este aumento tem sido limitado pelo facto de a utilização do espetro ser inadequada e de o custo de aumentar o espetro disponível ser demasiado elevado, juntamente com o problema das interferências que se verificam quando se aumenta a potência do sinal (Chiau 2006). Esta situação verificou-se até há pouco tempo, quando os avanços demonstraram que a utilização de algumas técnicas de diversidade com sistemas MIMO (Multiple-Input Multiple-Output) poderia aumentar substancialmente a capacidade das comunicações sem fios e, subsequentemente, melhorar a qualidade do sinal sem aumentar a potência de transmissão e a largura de banda.

O relatório de 16 de janeiro do jornal *The New Nigerian (2009)* revela que, apesar do recente crescimento do sector das telecomunicações, a indústria das telecomunicações da Nigéria ainda está sobrecarregada e atormentada por muitos desafios, que incluem tarifas relativamente elevadas, má qualidade do serviço, incluindo queda de chamadas, má qualidade do sinal de voz e falta de interconectividade adequada, e fraca penetração (como se pode ver no Quadro 2.3), servindo assim apenas um terço da população nigeriana. O documento também identifica o fornecimento errático de energia como um dos principais desafios citados pelos operadores como o único fator que mais contribui para a sua má qualidade de serviço (QoS). Lamentavelmente, os operadores têm de produzir a sua própria energia, o que aumenta significativamente os seus custos gerais, que, de facto, são transferidos para os consumidores. Vários autores discutiram estes problemas e as suas potenciais soluções, que estão em consonância com os estudos anteriores efectuados. Um deles foi o vice-presidente executivo da Comissão Nigeriana de Comunicações (NCC), Ernest Ndukwe, cuja opinião sobre o baixo nível de penetração da Internet na Nigéria foi atribuída ao elevado custo da largura de banda, dos computadores e das infra-estruturas da Internet, bem como à falta de fiabilidade do fornecimento de energia (Chiemeke e Longe 2007). O estudo observou ainda que o aumento do congestionamento da rede e os estrangulamentos de interconectividade poderiam impedir uma qualidade de serviço eficiente, identificando *a gestão das expectativas dos consumidores, o acesso mais barato à Internet, a manutenção de políticas regulamentares favoráveis, a expansão dos serviços de banda larga e o acesso rural* como alguns dos desafios futuros (Ndukwe 2007). Outros estudos realizados por diferentes académicos, incluindo o de Tella, Amaghionyeodiwe e Adesoye (2007), bem como o de Chiemeke e Longe (2007), revelam os seguintes desafios potenciais que o sector das telecomunicações nigeriano enfrenta atualmente:

- Falta de interconectividade adequada
- Má qualidade do serviço, incluindo a falta de uma cobertura mais alargada
- Custo da ligação
- Questões de segurança
- Fonte de alimentação epilética
- Práticas anti-concorrenciais
- Custos operacionais elevados
- Instabilidade política e incoerências políticas
- Falta de coordenação efectiva
- Má qualidade do sinal de voz
- Problemas de planeamento e atribuição do espetro

O recente relatório da ValueFronteira Limited (2009) identificou os seguintes desafios fundamentais que afectam o sector das telecomunicações na Nigéria: uma base infraestrutural fraca e inadequada, apesar dos enormes rendimentos obtidos no passado recente, uma grande disparidade de instalações de telecomunicações entre as zonas urbanas e rurais, a escassez de capital de investimento a longo prazo, a limitação das leis e regulamentos que permitem o investimento, o fornecimento não fiável de energia eléctrica, os estrangulamentos de interconectividade locais e estrangeiros e a má qualidade dos serviços, a má gestão do serviço ao cliente e o problema do vandalismo por parte de jovens revoltados nas regiões do delta do Níger.

Chukwudebe e Chika (2008) concordam com Sesan (2007) que a má qualidade do serviço (QoS), a falta de interconectividade adequada e os elevados custos operacionais, bem como a falta de fiabilidade do fornecimento de energia, são os maiores desafios que têm atormentado constantemente os fornecedores de serviços de telecomunicações na Nigéria. Os dois primeiros desafios estão relacionados com as dificuldades encontradas em resultado do desvanecimento do sinal, que é causado por efeitos de interferência e atenuação, largura de banda e ineficiência espetral, que são discutidos nas secções posteriores deste capítulo.

3.2 REDES MÓVEIS CELULARES

Num sistema celular sem fios, a área de serviço pode ser dividida em algumas áreas geográficas denominadas **células.** Jayaweera (2009) define uma célula como a área de rádio que é coberta por uma estação de base transmissora. Por conseguinte, cada célula tem uma estação de base (BS) no centro da célula e todos os telefones sem fios (móveis) nessa área estão ligados à estação de base e são por ela servidos. O Comissário referiu ainda que um certo número de estações de base estão ligadas por cabo a um centro de comutação móvel (MSC), que está ligado por cabo à rede telefónica pública comutada (PSTN).

Recentemente, estudos revelaram que seria possível melhorar a atual qualidade do serviço, o que resultaria numa área de cobertura mais vasta, numa interconectividade perfeita, num custo reduzido e numa qualidade de sinal de voz eficiente, se houvesse uma colaboração perfeita entre as diferentes redes heterogéneas, incluindo a rede local sem fios (WLAN), o sistema universal de telecomunicações móveis (UMTS), o CDMA2000, a rede metropolitana sem fios (WMAN), a 3G, a WiMax (4G), a banda ultralarga, etc. Isto aponta obviamente para o facto de que, enquanto as WLAN oferecem taxas de dados relativamente elevadas, as redes celulares CDMA suportam taxas de dados baixas, mas com uma área de cobertura muito mais ampla que permite uma conetividade sem descontinuidades (Arun e Moni 2009). Por conseguinte, para atingir os objectivos esperados das redes de comunicações sem fios, é necessária a coexistência e a colaboração destas redes heterogéneas. Talvez seja por isso que Glenford *et al.* (2009) defendem que, com a colaboração e o funcionamento perfeitos das várias redes heterogéneas sem fios, haverá uma computação ubíqua e um acesso contínuo do utilizador à Internet, mesmo quando este se desloca. Hamza *et al.* (2010) definem uma rede heterogénea como "*uma rede que tem diferentes sistemas operativos e protocolos para ligar computadores a outros dispositivos*".

Apesar do domínio óbvio das redes móveis celulares, o desenvolvimento de novas tecnologias e o aparecimento de redes sem fios da "próxima geração" acomodariam uma estrutura heterogénea (Ceken, Yarkan e Arslan 2010) e esforçar-se-iam também por conseguir a colaboração das várias tecnologias sem fios, a fim de proporcionar uma qualidade de serviço (QoS) eficiente e ligações rentáveis em qualquer lugar e a qualquer momento (Hamza, *et al.* 2010).

Dado que se espera que a próxima geração da Internet proporcione uma computação ubíqua através do funcionamento sem descontinuidades de redes sem fios heterogéneas como WLAN, 3G, WiMax (4G), banda ultralarga, etc., os estudos têm-se alargado quanto à melhor forma de prestar ou melhorar a qualidade do serviço (QoS) aos utilizadores. Arun e Moni (2009) são de opinião que o objetivo mais importante das futuras redes sem fios é proporcionar uma cobertura universal para diferentes tecnologias de rádio. Este facto tornou necessário um nó móvel (MN) multimodo para fornecer conetividade a várias redes de acesso sem fios, como a rede local sem fios (WLAN), os sistemas universais de telecomunicações móveis (UMTS), o CDMA2000 (acesso múltiplo por divisão de código) e a rede metropolitana sem fios (WMAN) em simultâneo. Com estas redes, os utilizadores estarão continuamente ligados à Internet enquanto se deslocam (Mapp *et al.* 2009). De acordo com Zdarsky e Schmitt (2006), os estudos actuais revelam que as WLAN e as redes de área alargada, como as redes celulares CDMA, devem coexistir para oferecer serviços de Internet eficientes aos utilizadores. Entretanto, um grande número de aplicações que utilizam estes sistemas exige caraterísticas como a disponibilidade em tempo real através de diferentes tecnologias de acesso de

uma forma contínua, daí a necessidade de uma gestão adequada do "handover" vertical. Vertical
A transferência vertical, que permite que os nós móveis mudem sem problemas as suas ligações de uma rede para outra, é, por conseguinte, um mecanismo fundamental que deve ser suportado por estas redes heterogéneas. A transferência vertical, tal como defendida por Mapp *et al.* (2009), pode ser dividida em transferência rígida (hard handover) e transferência suave (soft handover). Wong e Lim (1997) consideram que a implementação de soft handoffs em sistemas de acesso múltiplo por divisão de código com controlo de potência (CDMA) é desejável, uma vez que o CDMA, que é a principal norma celular que implementa soft handoffs, também utiliza esquemas de controlo de potência para reduzir as interferências. Com esta noção, os soft handoffs tendem a ter mais vantagens do que os hard handoffs. Algumas dessas vantagens, conforme argumentado por Wong e Lim (1997), incluem

- Os handoffs suaves tendem a reduzir o efeito "ping-pong" comum nos handoffs rígidos. Isto resulta em menos carga na rede e em comunicações mais fluidas para os utilizadores.
- Os soft handoffs são desprovidos de margem de histerese. A melhor qualidade de comunicação e o aumento da capacidade do utilizador serão alcançados através da redução da interferência global na ligação ascendente, o que é possível com os soft handoffs.
- Os soft handoffs impõem menos restrições de tempo à rede. Isto ajuda a reduzir a incidência ou a probabilidade de queda de chamadas.

Apesar das vantagens acima referidas, a transferência suave continua a sofrer a desvantagem da "complexidade". Embora, em termos teóricos, a transferência suave seja possível em qualquer tecnologia - analógica ou digital -, o custo da sua implementação nas tecnologias analógicas é proibitivamente elevado e nenhuma das tecnologias bem sucedidas do passado, nomeadamente AMPS, TACS, NMT, etc., tinha esta caraterística da tecnologia digital (Wong e Lim 1997). Entretanto, estudos anteriores sobre a transferência centraram a atenção na transferência horizontal, que é basicamente controlada pela rede, uma vez que envolve uma situação em que a transferência é estabelecida entre células adjacentes da mesma rede (Mapp *et al.*2009). No entanto, esta forma de transferência não pode ser aplicável em redes heterogéneas.
Ceken, Yarkan e Arslan (2010) observaram que, uma vez que se prevê que a próxima geração de redes sem fios seja heterogénea, os mecanismos tradicionais de transferência (ou seja, transferência horizontal/transferência) deixarão de ser úteis e suficientes para cumprir os objectivos dessas redes. Por conseguinte, uma transferência vertical mais inteligente, que tenha em conta os perfis dos utilizadores e os requisitos das aplicações (Arun e Moni 2009) e permita que os nós móveis mudem sem problemas as suas ligações de uma rede para outra (Glenford 2009), é o mecanismo necessário para apoiar a próxima geração de Internet ubíqua. Embora o handoff vertical seja amplamente aclamado, Ceken, Yarkan e Arslan (2010) são de opinião que a reutilização de frequências é a opção de implantação mais forte para a próxima geração de redes sem fios.

3.2.1 PRINCÍPIO DA REUTILIZAÇÃO DE FREQUÊNCIAS NAS COMUNICAÇÕES SEM FIOS

Trata-se de uma técnica através da qual as frequências e os canais de um sistema de comunicações são reutilizados de modo a melhorar a capacidade, a qualidade do serviço (QoS) e a eficiência espetral. Implica a divisão de uma área de radiação RF (célula) em segmentos de uma célula, de modo a que cada célula tenha uma frequência distante da célula vizinha que não provoque efeitos de interferência. Lee (2001) referiu que o conceito de reutilização de frequências foi proposto pela primeira vez por Doug Ring nos Bell Labs em 1957. Segundo ele, a reutilização da mesma frequência de canal em diferentes locais poderia melhorar a eficiência do espetro. Os fornecedores de serviços sem fios utilizam o *princípio da reutilização de canais celulares*, que é uma técnica em que as radiofrequências individuais são utilizadas várias vezes através da divisão de uma área de serviço em zonas geográficas separadas, ou células (Finkle II 2000). Neste caso, cada célula necessitará da sua própria antena transmissora/recetora de rádio para transferir a chamada sem fios dos limites da célula atual para a célula vizinha. Esta prática permite que os fornecedores de telemóveis tenham muitas vezes mais clientes para uma determinada licença de sítio. A propósito, o número total de utilizadores servidos aumentou muito devido à reutilização de frequências e também a uma maior largura de banda de frequências. Assim, os sistemas celulares ligam-se uns aos outros através da comutação móvel e acedem diretamente à RTPC.

Por conseguinte, é frustrante que, quando se está em trânsito, a ligação seja distorcida ou interrompida. Segundo Finkle II (2000), isto é possível porque "*o local da célula atual está a ter dificuldade em transferir com êxito a chamada para o local da célula mais próximo devido à sua distância e/ou elevação; e, como tal, se o local da célula mais próximo estiver demasiado distante, a ligação pode mesmo perder-se*". Este problema pode, no entanto, ser minimizado através da adoção do princípio da reutilização de frequências. No entanto, é de notar que, embora a reutilização de frequências se tenha revelado muito eficaz na atenuação dos efeitos de interferência, "é feita à custa de uma utilização ineficiente do espetro e de processos de conceção dispendiosos" (Ceken, Yarkan e Arslan 2010).

3.2.2 HANDOFFS (TRANSFERÊNCIA) NUM SISTEMA CELULAR

O último obstáculo no desenvolvimento das redes celulares sem fios é o problema que se coloca quando um utilizador móvel se desloca de uma célula para outra enquanto faz uma chamada. Trata-se de um problema porque, como as células vizinhas não utilizam os mesmos canais de rádio, uma chamada tem de ser abandonada ou transferida de um canal de rádio para outro quando um utilizador faz a transição entre células adjacentes. E, uma vez que deixar cair a chamada não só é aceitável como também absurdo, torna-se então necessário o processo de handoff ou handover. De acordo com a definição dada pelo International Engineering Consortium, o handoff é o processo pelo qual "*uma rede de telefonia móvel transfere automaticamente uma chamada de um canal de rádio para outro à medida que o utilizador móvel se desloca entre células adjacentes*". Para Ceken, Yarkan e Arslan (2010), "*o handoff é descrito como um processo de transferência de uma chamada em curso ou de uma sessão de dados de um ponto de acesso para outro em redes sem fios*". Isto deve-se ao facto de a mobilidade ser inevitável e a caraterística mais essencial de um sistema de comunicações celulares sem fios; por conseguinte, o princípio do "handoff" ou "handover" torna-se muito aplicável para permitir um serviço contínuo de uma célula para outra. De acordo com Zeng e Agrawal (2002), "hand-off" ou "handover" é o processo de mudar o canal associado à ligação atual enquanto uma chamada está em curso. O processo, segundo eles, é iniciado ao cruzar a fronteira de uma célula ou ao observar alguma degradação na qualidade do sinal no canal atual. Para Zdarsky e Schmitt (2006), o handoff numa rede celular refere-se à transição do sinal de um utilizador de uma estação de base para outra estação de base geograficamente adjacente, à medida que o utilizador se desloca. Isto é muito importante porque, à medida que o telemóvel se desloca para fora da atual área geográfica coberta por pontos de acesso, a mudança entre pontos de acesso em diferentes sub-redes exige uma transferência. É interessante notar que esquemas de handoff mal concebidos podem gerar um tráfego de sinalização muito pesado e, consequentemente, uma diminuição drástica da qualidade do serviço

(QoS). Arun e Moni (2009) observam que existem dois tipos de handoffs, nomeadamente o hard handoff (break-before-make) e o soft handoff (make-before-break). Segundo estes autores, um hard handoff ocorre quando a ligação atual é interrompida antes de ser estabelecida uma nova ligação, enquanto num soft handover a ligação atual é interrompida depois de ser estabelecida a nova ligação. Neste caso, a ligação ao destino é estabelecida antes de a ligação à origem ser interrompida; por conseguinte, esta transferência é designada "make-before-break". Wong e Lim (1997) afirmam que os soft handoffs têm maiores vantagens do que os hard handoffs. Segundo eles, numa transferência suave, a ligação à fonte só termina quando tiver sido estabelecida uma ligação fiável à célula de destino e não há hipóteses de a chamada ser anormalmente interrompida devido a uma falha na transferência. Uma vantagem maior do soft handoff, tal como referido por Zdarsky e Schmitt (2005), decorre do facto de ser composto por células de múltiplos canais que só podem falhar se todos os canais tiverem sofrido interferências e, uma vez que a probabilidade de desvanecimento de todos os canais ao mesmo tempo é mínima, a fiabilidade da ligação torna-se assim mais elevada quando a chamada está em soft handover.

O handoff será, sem dúvida, um dos melhores mecanismos para as redes sem fios da próxima geração. De acordo com Hamza *et al.* (2010), o handoff horizontal é utilizado para fornecer um serviço ininterrupto quando um utilizador móvel se desloca entre duas células adjacentes.

Dado que se espera que as redes sem fios da próxima geração proporcionem uma transmissão de elevado débito de dados, apesar da sua topologia heterogénea e estrutura complexa, os processos de transferência tradicionais (horizontais) deixarão de ser relevantes para estes sistemas de redes (Ceken, Yarkan e Arslan 2010). Por conseguinte, é necessário introduzir um novo tipo de transferência, conhecido como "transferência vertical". De acordo com Celal *et al.* (2010: 727), o handoff vertical refere-se a *"um processo que transfere a ligação de um utilizador de uma tecnologia para outra, como uma transferência do Global Service for Mobile (GSM) para a WLAN ou para o WiMax".*

3.3 TÉCNICAS DE DIVERSIDADE EM SISTEMAS DE COMUNICAÇÕES SEM FIOS

3.3.1 INTRODUÇÃO

Esta é uma técnica utilizada para compensar as deficiências do canal de desvanecimento. É implementada através da utilização de duas ou mais antenas de receção. Enquanto a equalização é utilizada para contrariar os efeitos da ISI, a diversidade é normalmente utilizada para reduzir a profundidade e a duração dos desvanecimentos sentidos por um recetor num canal de desvanecimento plano. Estas técnicas podem ser utilizadas tanto na estação de base como nos receptores móveis. A diversidade espacial é a técnica de diversidade mais utilizada. Nesta técnica, várias antenas são estrategicamente espaçadas e ligadas a um sistema de receção comum. Enquanto uma antena vê um sinal nulo, uma das outras antenas pode ver um pico de sinal, e o recetor é capaz de selecionar a antena com o melhor sinal em qualquer momento. A diferença entre equalização e diversidade é que a técnica de equalização é utilizada para reduzir a interferência entre símbolos (ISI), enquanto a técnica de diversidade é utilizada para diminuir o efeito do desvanecimento nas comunicações sem fios.

A diversidade explora a natureza aleatória da propagação de rádio, encontrando caminhos de sinal independentes para a comunicação. A técnica da diversidade é aplicada principalmente no recetor e é desconhecida do transmissor. Através desta técnica, o sinal mais forte ou o melhor sinal é recebido no recetor. De acordo com os tipos de desvanecimento, ou seja, em pequena e grande escala, as técnicas de diversidade podem ser classificadas como

(1) Desvanecimento em pequena escala: Os desvanecimentos em pequena escala são caracterizados por flutuações de amplitude profundas e rápidas que surgem à medida que o telemóvel se move apenas alguns comprimentos de onda. Estes desvanecimentos são causados por reflexões múltiplas do objeto circundante. Para atenuar este fenómeno, podem ser utilizadas técnicas de diversidade microscópica, diversidade espacial ou diversidade de antenas.
(2) Desvanecimento em grande escala: O desvanecimento em grande escala é causado pelo sombreamento devido a variações no perfil do terreno e na envolvente. Ocorre a grande distância da estação-base. Para atenuar este fenómeno, pode ser utilizada a diversidade macroscópica.

A diversidade é uma técnica poderosa de receção de comunicações que permite melhorar a ligação sem fios a um custo relativamente baixo (Chandrasekaran 2005). Nas comunicações sem fios, as técnicas de diversidade são utilizadas principalmente para melhorar o desempenho num canal de rádio com desvanecimento. De acordo com Jardine *et al.* (2006), esta técnica pode ser utilizada para atenuar os problemas causados pelos canais de desvanecimento multipercurso. A diversidade refere-se assim a um método para melhorar a fiabilidade de um sinal de mensagem utilizando dois ou mais canais de comunicação com caraterísticas diferentes (Rohan, Dailly e Kusumwal 2010). A diversidade desempenha, por conseguinte, um papel vital no combate ao desvanecimento e à interferência co-canal e na prevenção de explosões. Isto tem a ver com o facto de os canais individuais sofrerem diferentes níveis de desvanecimento e interferência. Provavelmente, foi por esta razão que Hourani (2005) também afirmou que a diversidade não podia ser negligenciada, uma vez que se tratava de melhorar o desempenho do sistema em canais com desvanecimento. Explicou que, em vez de transmitir e receber o sinal desejado através de um canal, poderíamos obter várias versões do sinal desejado através de canais diferentes. Segundo ele, a ideia subjacente é que enquanto algumas cópias do sinal podem sofrer desvanecimentos profundos, outras não. Esta é, aparentemente, a "caixa cerebral" por detrás da utilização da diversidade.
Slaney e Sun (2006) afirmaram que a explosão das telecomunicações móveis face à Internet e aos serviços multimédia, associada a um espetro de radiofrequências limitado, resultou num aumento sem precedentes da procura de capacidade de canal por parte dos fornecedores de comunicações sem fios para poderem satisfazer essas necessidades. Além disso, os sistemas de comunicação sem fios são limitados pelo desvanecimento multipercurso e pela interferência de outros utilizadores.
A figura abaixo mostra um sistema de comunicação sem fios que sofre atenuação, distorção, atrasos e mudanças de fase. A intensidade do sinal é gravemente degradada, como mostra o ponto 10 ao longo do eixo horizontal. O canal é afetado por muitas deficiências, como o ruído térmico, que é modelado como ruído gaussiano branco aditivo (AWGN), como se pode ver no diagrama. O sinal sofre um efeito de sombra devido à presença de obstáculos fixos no caminho. Devido à distância e à altura de propagação, a intensidade do sinal é reduzida e a potência do sinal é afetada. Como resultado da perda de potência no caminho, do ruído e do efeito de sombreamento dos obstáculos, o desempenho global do sinal é gravemente afetado e, eventualmente, o sinal desvanece-se, como mostra a figura 3.1 abaixo no ponto 25, onde o sinal sofre um desvanecimento de Rayleigh.

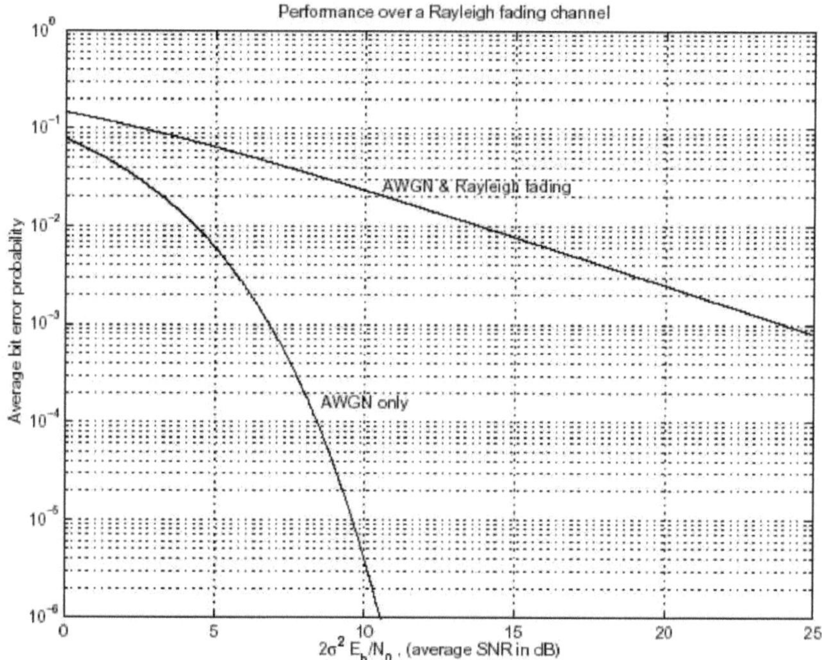

FIGURA 3.1 Degradação do desempenho do sistema devido ao desvanecimento

De acordo com Hourani (2005), "*o canal de comunicação sem fios sofre de muitos problemas, tais como o ruído térmico, a perda de potência à medida que o sinal se propaga, o sombreamento devido à presença de obstáculos fixos no caminho do rádio e o desvanecimento que combina o efeito dos múltiplos caminhos de propagação*". Num movimento que parecia estar em concordância com o facto acima referido, Jardine *et al.* (2006) argumentaram que, com múltiplos caminhos de propagação, os sinais transmitidos sofrem ainda os problemas de atenuação, distorções, atrasos e mudanças de fase. Mais adiante, afirmaram que um dos maiores problemas enfrentados pelos projectistas de comunicações sem fios (ou seja, comunicações móveis) é a natureza multipercurso do canal de comunicações. Nos seus próprios cálculos, Akay e Ayanoglu (2005) argumentaram que os problemas acima referidos podem ser atribuídos à adição destrutiva de múltiplos caminhos nos meios de propagação e à interferência gerada por outros utilizadores. Defendem que, quando os sinais transmitidos sofrem interferências destrutivas, a potência do sinal é significativamente reduzida, resultando assim em "desvanecimento". É o caso do ambiente de comunicações sem fios, em que o desempenho do sistema tem sofrido uma grave degradação devido ao problema do desvanecimento do sinal. De acordo com Hourani (2005), "*o problema do desvanecimento é uma das principais deficiências do canal de comunicação sem fios*".

Para combater estes graves desafios das comunicações sem fios, Akay e Ayanoglu (2005) afirmaram que podem ser utilizadas e melhoradas diferentes formas de técnicas de diversidade através da utilização de múltiplas antenas de transmissão e receção. Defenderam ainda que a utilização destas antenas asseguraria ganhos significativos de diversidade nas comunicações sem fios. Este facto foi

ainda investigado por Slaney e Sun (2006), que sugeriram que os fornecedores de serviços sem fios poderiam, assim, maximizar a oportunidade de obter um maior aumento da capacidade do canal explorando a utilização de antenas múltiplas de transmissão e receção, tal como foi anteriormente referido por Akay e Ayanoglu (2005).
Esta secção considera algumas das diferentes técnicas de diversidade que podem ser utilizadas para atenuar os desafios do desvanecimento do sinal e da ineficiência espetral nos canais de comunicação sem fios. Estes factores têm sido parte dos desafios e, muitas vezes, a ruína de uma qualidade de serviço (QoS) eficiente por parte dos fornecedores de serviços sem fios na Nigéria.

3.3.2 VANTAGENS E DESVANTAGENS DA DIVERSIDADE

As vantagens são:

(1) A diversidade melhora a fiabilidade de um sinal de mensagem através da utilização de dois ou mais canais de comunicação com caraterísticas diferentes.
(2) A diversidade desempenha um papel vital na luta contra o desvanecimento e a interferência co-canal e na prevenção de explosões de erros. Baseia-se no facto de os canais individuais apresentarem níveis diferentes de desvanecimento e interferência.

As desvantagens são:

(1) O tamanho do hardware pode ser grande, dependendo das tecnologias do dispositivo
(2) É necessário um grande espaçamento entre antenas para a diversidade microscópica na estação de base.

(3) .3 TIPOS DE TÉCNICAS DE DIVERSIDADE EM COMUNICAÇÕES SEM FIOS

De acordo com Chiau (2006), existem cinco categorias de técnicas de diversidade, nomeadamente, diversidade de frequência, diversidade de tempo, diversidade de padrões, diversidade de polarização e diversidade espacial (espaço). Além disso, Chiau afirmou que apenas três das cinco classes têm a capacidade de utilizar várias antenas para alcançar a diversidade, incluindo as diversidades espacial, de padrões e de polarização. Aparentemente, este facto pode não estar em conformidade com Jardine *et al.* (2006), que identificaram o tempo, a frequência e o espaço como as diversidades observadas nos sistemas de comunicação sem fios.

(1) Diversidade de frequências

Isto implica o envio da mesma informação utilizando duas ou mais frequências de transmissão diferentes ou transmissores diferentes regulados para frequências diferentes. A mesma informação é transmitida em portadoras diferentes. A disposição é tal que o(s) recetor(es) seleciona(m) a frequência com melhor sinal e utiliza-a como sinal preferencial [12]. No entanto, isto é difícil de implementar, uma vez que a tarefa de gerar vários sinais transmitidos e combinar sinais recebidos em diferentes frequências é bastante grande. Além disso, Andy (1998) salientou que este tipo de esquema de diversidade poderia proporcionar um aumento substancial da redundância e da imunidade às falhas de sinal, mas observou que a sua aplicação seria muito dispendiosa. Há também o problema de alimentar tantos transmissores quanto o número de canais redundantes para gerar a informação nas diferentes frequências, juntamente com o facto de o esquema exigir um grande espaço para instalar os receptores e as suas antenas. Mais uma vez, o esquema exige que as estações comerciais de FM e

TV obtenham tantas licenças quanto o número de frequências que tencionam utilizar. Isto implica que a técnica de diversidade de frequências será essencialmente difícil para a maioria dos fornecedores de serviços sem fios, uma vez que lhes será exigido que obtenham tantas licenças quantas as frequências que pretendem utilizar. Este fator, por si só, torna-a pouco atractiva para as estações de radiodifusão. No entanto, o esquema é aplicado em Orthogonal Frequency Division Multiplexing (OFDM), que é eficiente no combate a canais selectivos em frequência. De acordo com Masood *et al.* (2010), "*o acesso múltiplo por divisão ortogonal de frequência (OFDMA) é uma técnica de acesso múltiplo promissora que está a ser proposta para as redes móveis da próxima geração*". A Figura 3.2 mostra uma técnica de diversidade de frequência em que o sinal é modulado através de diferentes portadoras de frequência (W_S). Cada portadora é separada das outras pelo menos por uma largura de banda de coerência $(\Delta f)_c$, como mostra o diagrama, de modo que as diferentes cópias do sinal possam sofrer desvanecimento independente.

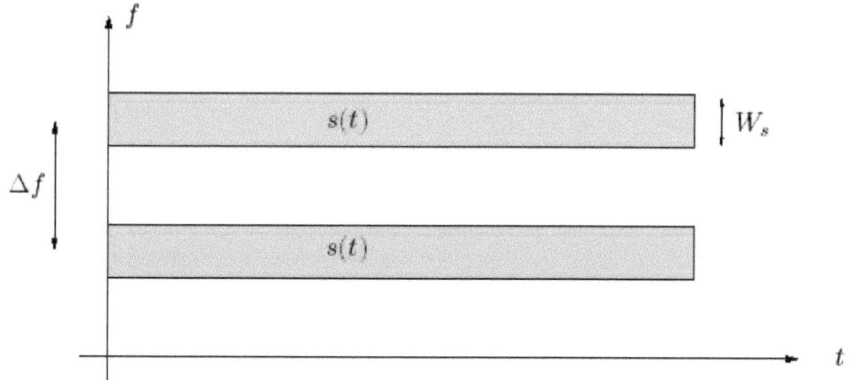

FIGURA 3.2 DIVERSIDADE DE FREQUÊNCIAS

(2) Diversidade temporal

Isto implica a transmissão de várias versões do mesmo sinal em intervalos de tempo diferentes. Este intervalo depende da taxa de desvanecimento e também aumenta com a diminuição da taxa de desvanecimento. Essencialmente, é adicionado um código redundante de correção de erros e a mensagem é espalhada no tempo através da intercalação de bits antes de ser transmitida. Isto baseia-se na perceção de que os obstáculos que impedem o percurso do sinal não são estacionários, daí a essência da transmissão da mesma informação em intervalos de tempo diferentes [13]. No entanto, a transmissão utilizando intervalos de tempo impõe frequentemente alguns desafios, uma vez que se perde muito tempo enquanto o recetor avalia os sinais recebidos para determinar o melhor a utilizar. Além disso, embora o esquema possa ser melhor na transmissão de dados, está desatualizado numa transmissão de rádio e TV em que pode ser necessária uma emissão em direto. Além disso, no caso de os obstáculos serem permanentes, a transmissão da mesma informação, mesmo que seja duas vezes, não produzirá uma melhor receção. No entanto, a diversidade temporal pode ser melhor aplicada em conjunto com outros esquemas de diversidade, como a diversidade espacial e a diversidade de padrões.

A figura 3.3 representa a técnica de diversidade temporal em que o sinal desejado é transmitido por uma portadora (w_s) em diferentes períodos de tempo s (t). O intervalo entre cada sinal transmitido e o seguinte é separado por um tempo de coerência $(\Delta t)_c$, como mostra a fig. 2.6, de modo a que cada um dos sinais transmitidos sofra um desvanecimento independente.

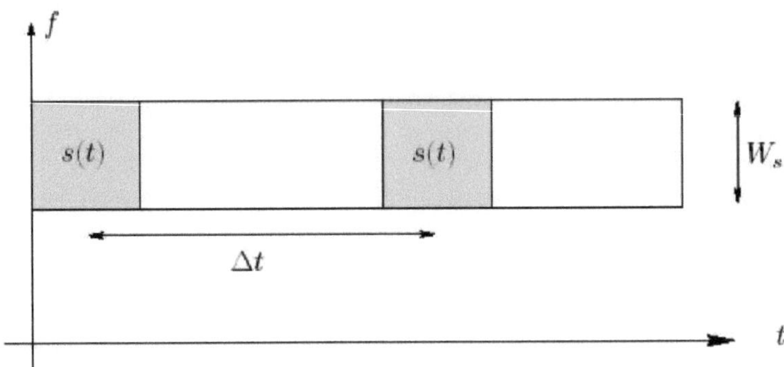

FIGURA 3.3 DIVERSIDADE TEMPORAL

(3) Diversidade de padrões

A diversidade de padrões envolve duas ou mais antenas co-localizadas com diferentes padrões de radiação. Neste caso, são utilizadas antenas direcionais para criar cópias independentes dos sinais transmitidos através de múltiplos caminhos. No recetor, os sinais que chegam às antenas são provenientes de direcções diferentes e não estão correlacionados. Isto ocorre em muitos casos nos terminais móveis, porque as antenas selecionam sinais provenientes de ângulos diferentes. E a antena com o sinal mais forte é selecionada de cada vez pelo combinador ou, em alternativa, o combinador pode adicionar todos os sinais das antenas de forma coerente. É muito instrutivo notar que o esquema de diversidade de padrões nunca é aplicado isoladamente, mas em conjunto com a diversidade espacial, e é limitado pelo facto de apenas poderem ser utilizadas antenas direcionais. Mais uma vez, é mais complexo do que o esquema de diversidade espacial e utiliza apenas antenas altamente diretivas.

(4) Diversidade de polarização

Chiau (2006) postulou que a diversidade de polarização é alcançada quando duas ou mais antenas com polarização diferente são usadas como ramos de um recetor ou transmissor de diversidade. De acordo com Wong e Chang (2005), os caminhos de polarização horizontal e vertical entre um telemóvel e uma estação de base não estão correlacionados. Isto significa que a diversidade de polarização combina pares de antenas com polarização ortogonal, o que permite obter o maior ganho de diversidade que, segundo Chiap (2006), pode ser obtido quando duas antenas são polarizadas a $\pm 45^{o}$.

Andy (1998) observa que uma das vantagens da técnica de polarização é o facto de ser fácil de aplicar no terminal móvel devido às estruturas de antena de dimensões reduzidas. Isto é diferente das grandes estruturas que são necessárias para as técnicas de diversidade espacial. Além disso, provou ser valiosa para as estações de base de rádio e de comunicações móveis. No entanto, a diversidade de polarização, tal como a diversidade espacial, só é eficaz em ambientes com elevado número de trajectos múltiplos, como as zonas densamente urbanas (Andy 1998). Outro inconveniente desta técnica, tal como referido por Wong e Chang (2005), é o facto de todas as antenas de diversidade de polarização para sistemas PC serem concebidas para funcionamento duplex; por conseguinte, a técnica sofre efeitos de intermodulação a longo prazo (Sekine, Shoki e Morishita 2003).

(5) Diversidade espacial

É também conhecida como diversidade de antenas. É um dos esquemas de diversidade sem fios que utiliza duas ou mais antenas para melhorar a qualidade e a fiabilidade de uma ligação sem fios. Em ambientes urbanos e interiores, normalmente não existe uma linha de visão clara entre o transmissor e o recetor; em vez disso, o sinal é refletido ao longo de vários caminhos antes de ser finalmente recebido. Cada um desses saltos pode introduzir mudanças de fase, atrasos temporais, atenuações e até mesmo distorções que podem interferir de forma destrutiva uns com os outros nas aberturas da antena recetora [2]. A diversidade espacial é eficaz para atenuar estas situações de multipercurso porque as antenas múltiplas proporcionam ao recetor várias cópias do mesmo sinal. Cada antena experimenta um ambiente de interferência diferente. Assim, se uma antena estiver a sofrer um desvanecimento profundo, é provável que outra esteja a usufruir de um sinal suficiente. Os sinais recebidos das várias antenas são então enviados para um combinador de diversidade, que seleciona a antena com a melhor intensidade de sinal ou adiciona os sinais de forma coerente.

A aplicação da diversidade espacial para combater o desvanecimento do sinal não é nova para os fornecedores de telecomunicações móveis e fixas sem fios. Neste trabalho de investigação, foi explorada a possibilidade de o esquema ser útil na radiodifusão. A Rádio Nigéria, tal como algumas estações de rádio e televisão mais antigas, cujos estúdios e estações de transmissão estão situados a grande distância, pode utilizar este esquema. Utiliza-se um emissor e um recetor de micro-ondas, denominado ligação estúdio-emissor (STL), para ligar a saída do estúdio ao emissor principal através da propagação em linha de vista. O sinal sofre uma grande degradação antes de chegar ao recetor de micro-ondas na estação de transmissão principal.

A diversidade espacial distingue-se das outras técnicas de diversidade pelo facto de não exigir trabalho adicional no terminal de transmissão, nem largura de banda ou tempo de transmissão adicionais.

Algumas das vantagens da diversidade de espaços, tal como defendidas por Bolin e Yang (2004), incluem

(1) Oferece um desempenho de ligação ascendente para a receção de telemóveis e portáteis

(2) É flexível e pode ser aplicado tanto na extremidade emissora como na extremidade recetora

(3) É mais simples quando comparado com o sistema MIMO complexo

(4) É utilizado independentemente das diversidades de padrão e polarização

(5) É muito económico quando comparado com a diversidade de frequências que requer vários transmissores para gerar a frequência necessária

(6) Reduz o desvanecimento no recetor sem aumentar a potência do sinal transmitido ou a largura de banda.

Algumas das desvantagens da diversidade espacial são

(1) Requer grandes estruturas e, por conseguinte, ocupa espaço.
(2) A potência transmitida deve ser dividida entre várias antenas.

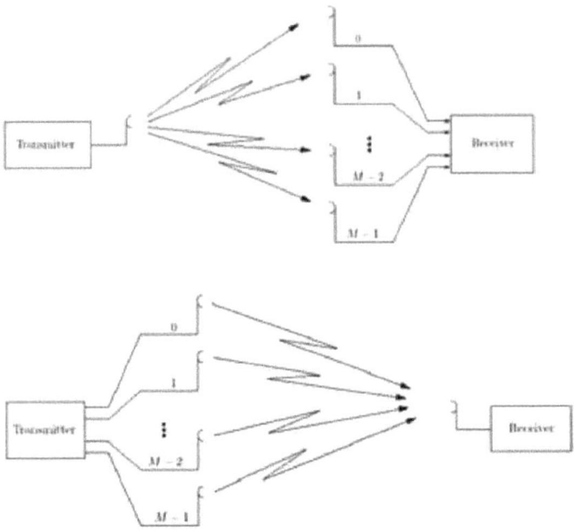

FIGURA 3.4 DIVERSIDADE ESPACIAL

Recentemente, Rohan, Dailly e Kusumwal (2010) observaram que a diversidade espacial podia ser explorada para melhorar a capacidade das redes de comunicações sem fios através da utilização de múltiplas antenas. Isto era muito óbvio, uma vez que os sistemas Multiple-Input Multiple-Output têm tanto o transmissor como o recetor equipados com conjuntos de antenas (Jardine *et al.* 2006). Isto levar-nos-á brevemente à discussão dos sistemas MIMO (Multiple-Input Multiple-Output).

3.3.4 COMBINAÇÃO DE DIVERSIDADE

Trata-se de um dispositivo eletrónico denominado combinador que combina os múltiplos sinais recebidos de uma receção de diversidade num único sinal melhorado. Segundo Hourani (2005), a ideia é combinar várias cópias do sinal transmitido, que sofrem desvanecimentos independentes, de modo a aumentar a potência global do sinal recebido. Chandra (2005), vários métodos para combinar os sinais recebidos nos diferentes ramos da diversidade e categorizá-los podem incluir a combinação de seleção, a combinação de rácio máximo, a combinação de ganho igual, a comutação, a realimentação e assim por diante. Devido à propagação multipercurso, o sinal total pode sofrer desvanecimentos profundos (ou seja, desvanecimento Rayleigh) ao longo do tempo ou do espaço. O principal objetivo é, portanto, combater estes desvanecimentos, que resultam em interrupções de serviço. A técnica mais comum e eficiente para o fazer é utilizar alguma forma de métodos de combinação de diversidade

3.3.4.1 SELECÇÃO COMBINADA

Esta é a técnica de diversidade mais simples utilizada nos sistemas de diversidade espacial. Envolve a amostragem de M sinais de antena e o envio do maior deles para o desmodulador (Chandra 2005).

Tenta apresentar apenas um sinal de antena ao recetor num dado momento. No entanto, a antena selecionada dependerá da relação sinal/ruído (SNR) entre os sinais recebidos (Brown 2002). De acordo com Hourani (2005), o método seleccionaria o ramo de sinal mais forte, como se mostra na figura 2.5 abaixo.

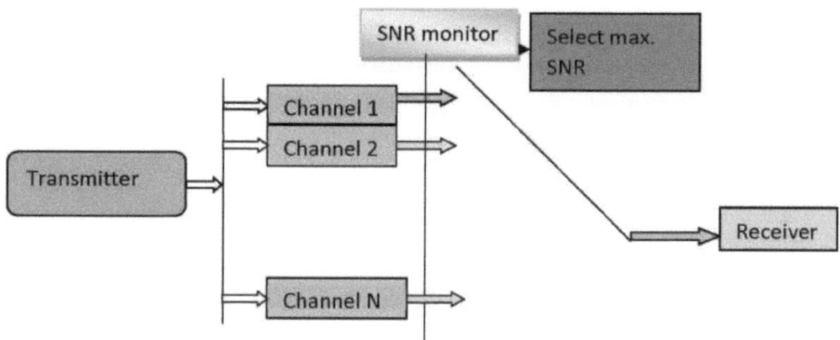

FIGURA 3.5 SELECÇÕES COMBINADAS

A combinação por seleção, como mostra a figura 3.5 acima, é relativamente fácil de implementar, mas não é óptima porque não utiliza todos os sinais recebidos simultaneamente.

3.3.4.2 COMBINAÇÃO DE RÁCIO MÁXIMO (MRC)

Neste caso, os sinais de todos os M ramos são ponderados de acordo com as suas SNRs individuais e depois somados. Os sinais individuais devem ser co-faseados antes de serem somados. Os ramos de diversidade são ponderados para obter a SNR máxima. Utiliza cada um dos ramos de forma faseada e ponderada, de modo a que o recetor disponha da maior SNR possível. A saída do MRC é igual à soma das SNR individuais. Assim, o MRC tem a vantagem de produzir uma saída com uma SNR aceitável mesmo quando nenhum dos sinais individuais é aceitável (Chandra 2005).

O MRC tem o melhor desempenho e a maior complexidade entre as diferentes técnicas de combinação, enquanto o SC tem o desempenho mais baixo e a menor complexidade (Chandra 2005).

3.4 SISTEMAS MIMO

Multiple-Input Multiple-Output (MIMO) refere-se a uma ligação que tem as extremidades de transmissão e de receção equipadas com múltiplos elementos de antena (Rohan, Dailly e Kusumwal 2010). Lee, Patil e Raj (2003) afirmaram que o MIMO é um sistema que utiliza múltiplas antenas nas extremidades do transmissor e do recetor para a comunicação. Os sistemas MIMO têm por objetivo melhorar o desempenho das comunicações.

Devido ao facto de o sistema convencional de comunicações móveis sem fios ter apenas uma antena no emissor e no recetor, também conhecido como sistema de antenas de entrada única e saída única (SISO) (Chiau 2006), e ao desafio técnico de um serviço de comunicações sem fios fiável colocado pelas limitações físicas do meio sem fios, foram concebidas algumas técnicas que contribuirão enormemente para melhorar a eficiência espetral e superar várias deficiências do canal, como o desvanecimento do sinal e a interferência (Lee, Patil e Raj 2003). Além disso, Lee, Patil e Raj (2003) afirmaram que "*a necessidade de Internet sem fios de alta velocidade levou à procura de tecnologias que proporcionem capacidades e fiabilidade de ligação mais elevadas do que as conseguidas pelos sistemas actuais*". Os sistemas SISO não têm sido eficientes na prestação dos serviços previstos, dado que estão limitados pela largura de banda e pela potência de transmissão. Além disso, os sistemas SISO são vulneráveis a ambientes com problemas de efeitos multipercurso (Rohan, Dailly e Kusumwal 2010). Por conseguinte, os sistemas baseados em MIMO são capazes de fornecer estes serviços.

Desenvolvimentos recentes mostraram que a utilização de sistemas MIMO (Multiple-Input Multiple-Output) pode aumentar substancialmente a capacidade das comunicações sem fios sem aumentar a potência de transmissão e a largura de banda (Chiau 2006). Este facto atraiu invariavelmente uma atenção espetacular para o MIMO que, segundo Jardine *et al.*(2006), se deveu à sua capacidade de fornecer uma taxa de dados mais elevada e uma comunicação mais fiável e, consequentemente, fez dele uma das tecnologias sem fios emergentes mais promissoras (Lee, Patil e Raj 2003). Este facto deve ter informado Foschini e Michael (1998) de que a tecnologia MIMO tem atraído a atenção nas comunicações sem fios devido à sua capacidade de oferecer um aumento significativo da taxa de transferência de dados e do alcance da ligação sem exigir largura de banda ou potência de transmissão adicionais. No meio da sua página introdutória, que era muito concisa, Rohan, Dailly e Kusumwal (2010) afirmaram que a tecnologia MIMO "*promete resolver os estrangulamentos da capacidade de tráfego nas próximas redes de acesso à Internet sem fios de banda larga de alta velocidade, como a Worldwide Internet operability for Microwave Access (WiMax), a 3G-Long Term Evolution e outras*". Note-se que a WiMax é uma tecnologia 4G que está pronta a substituir uma série de infra-estruturas de banda larga existentes para comunicações sem fios. Observaram ainda que as vantagens da utilização do sistema MIMO podem incluir: maior eficiência espetral, rendimento, cobertura, capacidade, melhor taxa de erro de transmissão (BER) e resistência aos efeitos de desvanecimento, etc. A figura 3.6 mostra como um sistema MIMO criado por dois conjuntos de antenas explora os sinais multipercurso para aumentar a capacidade do sistema.

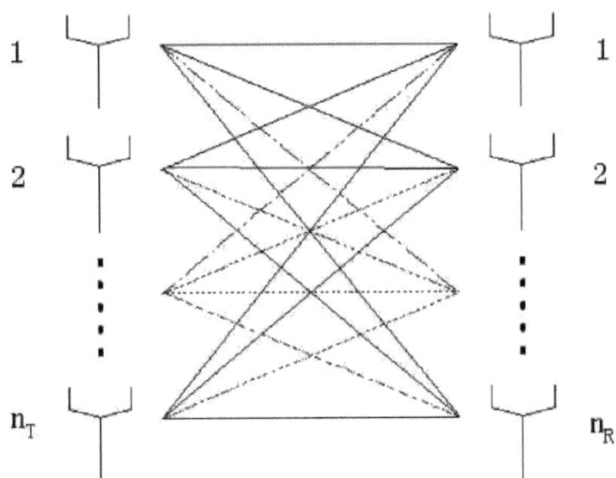

FIGURA 3.6 UM SISTEMA MIMO CRIADO POR DOIS CONJUNTOS DE ANTENAS

CAPÍTULO 4

DESAFIOS DA SEGURANÇA SEM FIOS

4.1 INTRODUÇÃO

Com o avanço tecnológico sem precedentes nas comunicações sem fios, especialmente com o advento do Sistema Global de Mobilidade (GSM) e o fácil acesso à Internet através de dispositivos móveis, as pessoas tornaram-se ávidas de comunicar a partir de qualquer lugar e em qualquer altura. Esta forma de comunicação desenfreada introduziu consequentemente novos desafios de segurança que são muito específicos do ambiente sem fios. Boudriga e Abie (2009) argumentam que as crescentes fragilidades registadas nas comunicações sem fios resultam da emergência de serviços avançados, da necessidade de roaming e da grande implantação de tecnologias móveis, o que, segundo Atluri, Shin e Vaidya (2010), criou problemas de segurança nos sistemas sem fios e nas aplicações que funcionam em ambientes sem fios.

Os principais desafios incluem:

(i) Propagação multipercurso
(ii) Limitações do espetro
(iii) Energia limitada (bateria) (iv) Mobilidade do utilizador

A segurança das comunicações, de acordo com a Homeland Security (2006), *"é o processo de desenvolvimento e execução de planos, políticas e procedimentos específicos para proteger os sistemas de comunicações de resposta a emergências contra possíveis riscos e acções maliciosas"*. Esta definição significa que a segurança das comunicações sem fios se refere às medidas adoptadas para garantir que a confidencialidade e a integridade das informações transmitidas através de um meio sem fios não sejam comprometidas. Hamid (2003) afirmou que a rede local sem fios (WLAN) tem sido amplamente utilizada em muitos sectores e ganhou popularidade em relação à sua congénere com fios devido a muitas razões, como a simplicidade de instalação, a flexibilidade de instalação, a mobilidade dos utilizadores, a redução do custo de propriedade e a escalabilidade. Afirmou, no entanto, que as WLAN têm colocado algumas ameaças à segurança dos seus utilizadores, apesar das vantagens que lhes estão associadas. Para Imai, Rahman e Kobara (2006), a segurança tornou-se uma questão crítica nas aplicações sem fios, tanto para os utilizadores como para os fornecedores desses sistemas. Argumentam que as redes sem fios, embora tentem proporcionar muitas vantagens (como a eliminação dos custos de cablagem e o aumento da mobilidade dos utilizadores) em relação às suas congéneres com fios, apresentam alguns problemas graves de segurança. Segundo Asoke e Das (2010), as redes sem fios facilitaram a interceção e a manipulação ilegítima de dados transmitidos através de comunicações sem fios por parte de um espião. Esta situação é diferente da dos sistemas com fios, em que o meio físico de transmissão pode ser protegido (Imai, Rahman e Kobara 2006). É instrutivo notar que um dos principais desafios da segurança sem fios é a adaptação das tecnologias com fios ao ambiente móvel limitado (Miller 2001). A Homeland Security (2006) referiu que a segurança dos sistemas de comunicações engloba geralmente quatro componentes - segurança física, segurança da rede, segurança das comunicações e segurança administrativa. A segurança física assegura a proteção de todas as instalações onde estão alojados os componentes do sistema de comunicações; a segurança da rede assegura a proteção do hardware, do software e das interfaces associadas do sistema; a segurança das comunicações assegura a confidencialidade e a integridade das informações transmitidas através das ondas de rádio; enquanto a segurança administrativa envolve a utilização de controlos processuais para assegurar a confidencialidade, a integridade e a disponibilidade dos sistemas de comunicações (Homeland Security 2006).

Esta secção do estudo aborda algumas das ameaças à segurança e os desafios que rodeiam os sistemas de comunicações móveis e sem fios, bem como o desenvolvimento de novas técnicas, modelos e teorias que contribuirão para uma melhor proteção.

4.2 AMEAÇAS À SEGURANÇA DAS COMUNICAÇÕES SEM FIO (WLAN & MOBILE) A segurança das comunicações sem fio envolve todas as medidas que impedem o acesso não autorizado ou os danos às informações transmitidas através de redes sem fio, bem como a garantia de que a integridade e a confidencialidade dos dados não são comprometidas. A maioria das arquitecturas de segurança atualmente em vigor foi comprometida devido ao facto de as ondas de rádio serem susceptíveis de serem bisbilhotadas por qualquer pessoa com uma antena de radiofrequência (RF). Este facto dificultou a obtenção de uma segurança a 100% nos sistemas sem fios. Mas as transacções em linha efectuadas em várias aplicações para fins de comércio eletrónico e cartões de crédito têm de ser seguras contra piratas informáticos e atacantes.

Apesar da produtividade, da comodidade e da vantagem em termos de custos que as WLAN oferecem, as ondas de rádio utilizadas nas redes sem fios criam inadvertidamente lapsos de risco em que a rede fica exposta à ação de hackers (Hamid 2003). De acordo com Cleveland (2007) e Hamid (2003), alguns dos desafios de fiabilidade e segurança comuns aos sistemas sem fios e que podem estar associados à negação de serviço e à falta de fiabilidade das interações sensíveis ao tempo incluem

- ***Escutas em canais não seguros:*** Trata-se do ato de intercetar e manipular ilegitimamente a informação transmitida através de uma comunicação sem fios. Para Hamid (2003), "*é o ataque contra a confidencialidade dos dados que estão a ser transmitidos através da rede*". Isto é possível porque os sinais de comunicação sem fios podem ser recebidos fora das imediações dos utilizadores imediatos (Andrea 2009), e o atacante pode intercetar a transmissão pelo ar a partir de uma distância que não seja a do local onde se encontra o proprietário (Hamid 2003). No entanto, se os dados forem adequadamente encriptados (Connolly e Begg 2010) ou autenticados (Elmasri e Navathe 2007), a informação permanece segura.
- ***Sinais desvanecidos e perturbação do sinal sem fios devido a interferências electromagnéticas:*** Foram atribuídos muitos factores como responsáveis pelo desvanecimento do sinal nas comunicações sem fios. Estes factores podem incluir uma distância demasiado longa entre o transmissor e os receptores sem fios, condições atmosféricas, superfícies metálicas que reflectem as ondas de rádio sem fios, obstáculos na linha de visão, etc.
- ***Sobrecarga da largura de banda:*** Esta situação é causada pelo "piggybacking". O piggybacking é o acesso à ligação à Internet sem fios de outra pessoa por parte de alguém que vive na vizinhança da ligação sem fios, sem o devido consentimento e conhecimento do assinante principal (US-CERT 2008). O piggybacking pode também causar violações do serviço, ataques diretos ao computador e actividades ilegais por parte de utilizadores mal-intencionados que podem ser rastreados até ao utilizador (Werlinger, Hawkey e Beznosov 2009).
  - ***Sniffing sem fios:*** Muitos pontos de acesso público não estão protegidos e o tráfego que transportam não está encriptado. Isto pode, portanto, pôr em risco as suas comunicações ou

transacções sensíveis (US-CERT 2008). Neste caso, o atacante utiliza ferramentas de "sniffing" para invadir informações sensíveis como palavras-passe, números de contas bancárias, dados de cartões de crédito, etc. Semelhante a isto é o ***Shoulder Surfing***, que utiliza técnicas de observação direta, como olhar para o ombro de alguém para obter informações (Andrea 2009).

- ***Negação de serviço (DoS):*** Os intrusos sem fios podem inundar a rede com mensagens válidas ou inválidas que afectam a disponibilidade dos recursos da rede, utilizando um transcetor potente o suficiente para causar efeitos de interferência na rede WLAN (Hamid 2003). Isto provavelmente torna a WLAN incapaz de comunicar utilizando o caminho de rádio.
- ***Falsificação e sequestro de sessão:*** Trata-se de um caso em que um atacante obtém ilegitimamente acesso a dados e recursos privilegiados na rede, fazendo-se passar pela identidade de um utilizador válido. Isto foi possível porque as redes 802.11 não autenticam o endereço de origem, que é o endereço MAC (Medium Access Control) dos quadros (Hamid 2003). Ao fazê-lo, o atacante falsifica o endereço MAC e rouba a sessão. De acordo com Miller (2001), o spoofing pode ser eliminado se forem implementados mecanismos adequados de autenticação e controlo de acesso na WLAN.

A Tabela 4.1 resume as várias vulnerabilidades e fraquezas de segurança associadas às redes sem fios.

TABELA 4.1: Vulnerabilidades de segurança em redes sem fios

S/N	Ref.	Security Issue	Brief Explanation
1.	[21, 44]	Eavesdropping to intercept data	This is the act of illegitimately intercepting and receiving information communicated over wireless communication channels, which can possibly result in the affected information or data being compromised. Because the airwave is non-secure, an attacker can hijack the signal over the air from a certain distance.
2.	[22, 45]	Electromagnetic Interference	Interference is very common in broadcasting where a radio receiver may pick up two or more signals at the same time. This often results in signal fading and disruption of smooth transmissions.
3.	[24]	Bandwidth Congestion	Congestion of bandwidth is caused by piggybacking, which is the unauthorised access of a wireless LAN. It involves a practice of accessing a wireless internet connection by someone who uses another subscriber's wireless internet service without the person's explicit knowledge or permission. Piggybacking can also cause service violations, direct attack on your computer and illegal activities by malicious users which may be traced to you.

4.	[24, 45]	Wireless Network Sniffing	A wireless sniffer is a piece of software or hardware designed to intercept data as it is transmitted over a network and decode the data into a format that is readable for humans. Wireless sniffers are packet analysers specifically designed to capture data transmitted over wireless networks. While wireless packet sniffers are valuable tools for maintaining wireless networks, their capabilities also make them popular tools for malicious attacks. Hackers can use these tools to steal data, spy on network. Such sensitive information like bank details, passwords, logins, credit card details, bank accounts etc. can be tracked by hackers using sniffing tools. Wireless sniffer attacks can be mitigated by using secure protocols such as HTTPS, Secure File Transfer Protocol (SFTP) & Secure Shell (SSH). These secure protocols ensure that any information transmitted is automatically encrypted.
5.	[22, 33]	Denial-of-Service Attacks	This is a situation whereby a wireless user is illegitimately deprived of the services of the network resources by a malicious attacker. The attacker floods the network with unnecessary messages to make the network unavailable so as to record the codes with some cracking devices during the recovery of the network, thereby breaking the security and gaining unauthorized access to information.
6.	[44, 46]	Wireless Spoofing attacks	Spoofing is a type of attack where an attacker uses information obtained by a wireless sniffer to impersonate another machine on the network. Spoofing attacks often target business' networks and can be used to steal sensitive information or run man-in-the-middle attacks against network hosts. Spoofing attacks can be mitigated by the use of firewalls capable of deep packet inspection or by taking measures to verify the identity of the sender or recipient of a message
7.	[32]	Traffic Redirection	This involves a change in the traffic route of a particular computer to that of a malicious attacker by manipulating the media access control (MAC) address as well as the IP address of a particular wired station.
8.	[37, 38]	Rogue Access Point	This is a wireless access point that is installed by an attacker on a secure network without explicit authorization from a local network administrator (usually in public areas such as shared office space, airports, etc.), which accepts traffic from unsuspecting wireless clients in order to extract sensitive information.
9.	[39]	Cafe Latte Attack	This type of attack allows an intruder to break into the WEP key of a remote client by sending a flood of encrypted ARP requests. If the ARP packet of the client is captured, he uses the ARP responses to obtain the WEP in just few minutes.

10	[28, 40]	Interoperability Challenge: see Fig. 2	Since antennas have different standards for different vendor and types, such as space diversity, combining, polar, pattern, and so on; there is therefore different control and operational procedure. Hence, various vendors have complex and costly integration. Integration of modules for fixed, GSM and CDMA is likely to be too costly.
11.	[28]	Congestion Problem	Congestion problem is incurred in a communication network when free Random Access Channel (RAC) is inaccessible by subscribers to either make or respond to a call. Hence, in-coming and outgoing calls experience blockage during congestion. Traffic channels congestions occurs when an Access Grant Channel cannot get any free traffic channel (TCH) to allocate to the request of the mobile terminal through the random access channel.
12.	[41]	Network Injection Attack	This is an attack whereby a cracker makes use of access points that are exposed to non-filtered network traffic (e.g. broadcasting network traffic) to inject fake networking re-configuration commands. This act is capable of bringing down a whole network and will require rebooting or even reprogramming of all intelligent networking devices.
13.	[24, 47]	Man-in-the-middle attack	This is a form of eavesdropping attack, whereby the attacker secretly intercepts a conversation between two parties. The attacker impersonates both parties and gains access to information that the two parties are trying to relay to each other. One type of man-in-the-middle attack relies on security faults in challenge and handshake protocols to execute a "de-authentication attack".

A Fig. 4.1 mostra a arquitetura do protocolo em camadas Open System Interconnected (OSI) para redes sem fios. As quatro camadas são aplicação, transporte, rede, MAC e física. Com estes protocolos, um nó de rede A pode transmitir pacotes para outro nó de rede B. As redes com e sem fios partilham algumas caraterísticas comuns dos protocolos, como a aplicação, o transporte e a rede, enquanto as camadas MAC e física se aplicam apenas às redes sem fios.

As Tabelas 4.2 - 4.6 apresentam um resumo dos vários ataques potenciais sem fios comuns a cada camada OSI, conforme apresentado na Fig. 3 acima. Cada camada de protocolo tem os seus próprios desafios de segurança.

TABELA 4.2: Ataques sem fios comuns ao protocolo da camada PHY

PHY Layer Attacks	Characteristic and Features
Eavesdropping	Interception of confidential Information [48]
Jamming	Interruption of Legitimate Transmission [49]

TABELA 4.3: Ataques sem fios comuns ao protocolo da camada MAC

MAC Layer Attacks	Characteristics and Features
MAC Spoofing	Falsification of MAC address [50]
Identify theft	The MAC identity of a legitimate user is lost to a cyber-criminal
MITM attacks	A pair of communication nodes is impersonated [51]
Network injection	Injection of forged network commands and packets [52]

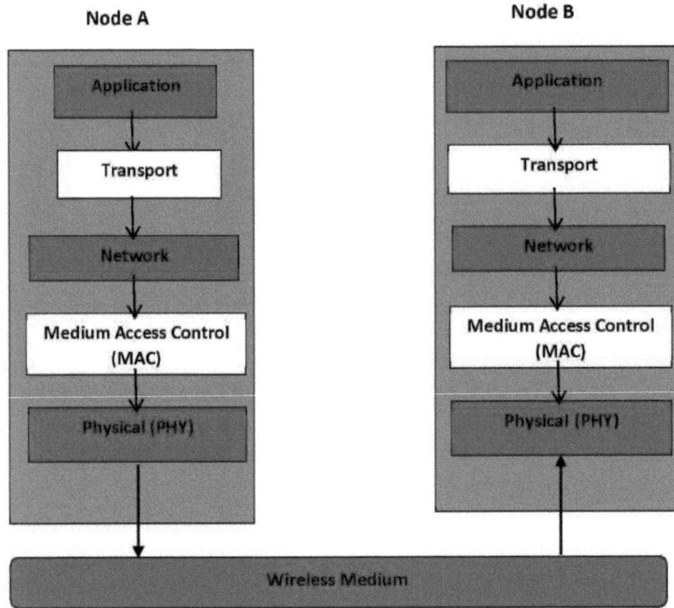

Fig. 4.1: Caraterísticas básicas de um sistema aberto Camadas interligadas

QUADRO 4.4: Ataques sem fios comuns ao protocolo da camada de rede

Networks layer attacks	Characteristics and Features
IP Spoofing	Falsification of IP address [50]
IP or Route or BGP hijacking	The IP addresses of legitimate internet users are impersonated [53]
Smurf attacks	By using a program called Smurf, an attacker causes denial-of-service attack on a network and renders it inoperable. The act tends to paralyze a network [54].

TABELA 4.5: Ataques sem fios comuns ao protocolo da camada de transporte

Transport layer attacks	Characteristics and Features
TCP SYN flooding attack	It is a form of denial-of-service attack in which an attacker sends a successive requests to the victim's system in order to consume enough network resources & consequently make the system unresponsive to legitimate traffic [6], [55]
UDP flood attack	This is a type of denial-of-service attack that uses the User Datagram Protocol (UDP) [56]
TCP sequence prediction attack	The attacker tries to predict the sequence number used to identify the packets in a Transmission Control Protocol (TCP). [6]

QUADRO 4.6: Ataques sem fios comuns ao protocolo da camada de aplicação

Application layer attacks	Characteristics and Features
Malware attack	Hostile or intrusive software such as viruses, spyware, scareware, malicious programs/codes specifically designed by an attacker to gain access illegitimately [57]
SQL injection	An attacker injects nefarious Structured Query Language (SQL) codes to a website in order to gain access to network resources or effect changes on data.
Cross-site scripting attack	Malicious scripts are injected into trusted websites by an attacker to bypass some of the access control measures
SMTP attack	Malicious attacks in e-mail transferring between the SMTP servers and clients [6]
FTP bounce attack	An attacker exploits the FTP protocol by using the PORT

4.3 SEGURANÇA DA PRIVACIDADE EQUIVALENTE COM FIOS (WEP)

Trata-se de uma encriptação normalizada para redes sem fios. É um sistema de autenticação do utilizador e de encriptação de dados do IEEE 802.11 utilizado para ultrapassar ameaças (Hamid 2003). De acordo com Machta (2003:5), "*o* ***WEP*** *foi o mecanismo de segurança nativo original para WLAN desenvolvido pelos membros do Instituto de Engenharia Eléctrica e Eletrónica (IEEE) para proporcionar segurança através de uma rede 802.11*". Para Masica (2007), **o WEP** refere-se à segurança na norma 802.11 original que foi produzida pelo IEEE em 1990. Basicamente, Hamid (2003) explica que **o WEP** fornece segurança à WLAN encriptando a informação transmitida pelo ar, de modo a que apenas os receptores que possuem a encriptação correta possam desencriptar a informação. Deste modo, Wong (2003) referiu que "**a WEP** foi utilizada para proteger as comunicações sem fios contra escutas (**confidencialidade**), impedir o acesso não autorizado a uma rede sem fios (**controlo de acesso**) e impedir a adulteração das mensagens transmitidas (**integridade dos dados**)". No entanto, verificou-se que **o WEP** tem várias falhas, incluindo fraquezas criptográficas (Machta 2003). Uma das principais falhas de segurança do **WEP** era a falta de gestão de chaves para distribuir e atualizar as chaves em todas as estações WLAN e pontos de acesso, tornando-o assim inadequado para proteger as redes sem fios e difícil de gerir (Masica 2007). Isto levou muitas organizações a recorrer a outras soluções de segurança, como **a chave WEP melhorada, o WEP dinâmico** e a encriptação **VPN** (Virtual Private Network) **de camada 3**. Mas estas soluções também apresentavam os seus próprios problemas potenciais, uma vez que não só eram dispendiosas de implementar e não estavam disponíveis, como também criavam problemas quando os dispositivos móveis se deslocavam entre pontos de acesso (Masica 2007).

Verificou-se que o WEP apresentava vários pontos fracos que tendiam frequentemente a comprometer a segurança dos dados ou informações transmitidos através de redes sem fios. As principais falhas, tal como foi referido por Hamid (2003), incluem

- ***Sem proteção contra falsificações:***

O WEP não oferece qualquer proteção contra falsificação. Isto tornou possível que um hacker ou um adversário manipulasse indetectavelmente pacotes 802.11, mesmo sem conhecimento da chave de encriptação, e entregasse dados, disfarçados, a pessoas não autorizadas.

- ***Não há proteção contra repetições:***

Neste caso, o adversário cria falsificações sem alterar quaisquer dados num pacote existente, simplesmente gravando os pacotes **WEP** e retransmitindo-os mais tarde.

- ***Reutilização dos vectores de inicialização:***

Ao reutilizar os vectores de inicialização, **o WEP** permite que um atacante desencripte os dados encriptados sem precisar de saber a chave de encriptação ou mesmo de recorrer a técnicas de alta tecnologia.

Nomeadamente, os lapsos de segurança na privacidade equivalente com fios (**WEP)**, que também expuseram a WLAN a várias violações de segurança, foram dados a conhecer pela primeira vez num relatório apresentado pela Internet Security, Applications, Authentication and Cryptography (**ISAAC)**. No relatório, foram identificadas duas falhas de segurança comuns ao **WEP**, nomeadamente as limitações do vetor de inicialização (IV) e as falhas detectadas no valor de verificação de integridade (ICV) do RC4. Este ICV de verificação, de acordo com Hamid (2003), é um bit CRC-32 usado para verificar se o conteúdo de um quadro foi comprometido ou adulterado enquanto estava em trânsito. Como este ICV não é cifrado, expõe o WEP a várias vulnerabilidades, como a possibilidade de alterar a carga útil dos dados desde que os bits corretos sejam descodificados. Outras vulnerabilidades encontradas no **WEP** incluem: chaves fracas, reutilização de vectores de inicialização, ataques de texto simples conhecido, ataques de negação de serviço, má gestão de chaves e falta de autenticação do ponto de acesso (Machta 2003).

4.4 ACESSO PROTEGIDO Wi-Fi (WPA)

Esta é uma especificação de segurança que aborda as falhas e vulnerabilidades **do WEP**, e o seu principal objetivo é fornecer **confidencialidade** e **integridade.** Como a integridade do **WEP** foi sendo gradualmente comprometida à medida que as suas fraquezas se tornavam evidentes, o IEEE começou a estudar uma panaceia de segurança e um substituto para o **WEP**. Este facto abriu caminho ao aparecimento da norma 802.11i em 2003, mais tarde designada por Wi-Fi Protected Access (**WPA**). De acordo com Masica (2007), **o WPA** tem a capacidade de aumentar o nível de proteção dos dados e de controlo do acesso nas WLAN existentes e de "resolver todas as vulnerabilidades do seu antecessor **WEP**" (Machta 2003). Com o aparecimento do **WPA**, as organizações que têm vindo a utilizar VPNs descobrirão agora que estas podem já não ser eficazes na proteção das suas redes sem fios, uma vez que **o WPA** garante uma segurança perfeita em todas as versões existentes de dispositivos 802.11 (Machta 2003). Machta (2003) argumentou ainda que uma das caraterísticas do **WPA**, em grande parte ausente no **WEP**, é o seu algoritmo de encriptação mais forte, juntamente com a autenticação do utilizador, que pode ser descrito como a *"caixa cerebral"* por detrás da oferta do **WPA** de um elevado nível de privacidade dos dados e do acesso autorizado dos utilizadores à rede. Mas Masica (2007) assinalou duas falhas críticas do **WEP** que foram resolvidas pelo **WPA** e que incluem o seguinte

- Deficiência de conceção no protocolo **WEP**
- Falta de um método eficaz de distribuição de chaves

4.5 MEDIDAS DE SEGURANÇA DO IEEE 802.11B E SUAS LIMITAÇÕES

A Tabela 4.7 resume a família da norma IEEE 802.11B para controlo de segurança sem fios e as suas correspondentes fraquezas, conforme citado nos trabalhos dos autores em [22], [30]-[31], [37] e [38].

QUADRO 4.7: Medida de segurança padrão IEEE 802.11B

S/ N	ITEM	EXPLANATION	LIMITATION
1.	Service Set Identifier (SSID)	Here, all devices trying to get access to a particular WLAN must first be configured with the same SSID. It is added to the header of packet sent over the WLAN and verified by Access Point. Hence, a client cannot communicate with a particular access point unless both have the same SSID configuration	It provides very little security as it is more of a network identifier than a security feature. The SSID and the access point name are not encrypted in the header of 802.11 packets.
2.	Wired Equivalent Privacy (WEP)	This is a standard encryption mechanism for wireless networking used to overcome the security threats. It is an algorithm used to guard wireless networks against eavesdropping attacks. Its secondary function is to restrict unauthorized access to a wireless network. It utilizes some secret key used to encrypt packets prior to transmission. The information transmitted is encrypted and can only be decrypted with the same encryption key.	▪ Lack of provision of forgery protection, thereby making it possible for an attacker to masquerade as an authentic user and deliver data to unauthorized parties. ▪ Lack of protection against replays. ▪ It is possible for an attacker to decrypt the encrypted data without having to learn the encryption key.
3.	Media Access Control (MAC)	Here, the access point is configured to accept association and connection requests from only those nodes whose MAC addresses are registered with it. This scheme makes provision for an additional security layer.	The limitation of this scheme is that an attacker who has stolen a laptop with a registered MAC address will continue to appear to the network as a legitimate user.

4.6 MECANISMOS DE CONTROLO DE SEGURANÇA EM REDES SEM FIOS

Em termos gerais, os requisitos de segurança das redes sem fios podem ser classificados em quatro tipos, como mostra o quadro VIII. Todas as redes sem fios têm de cumprir estes requisitos para garantir a sua proteção contra ataques maliciosos. De facto, todos os controlos de segurança da informação visam satisfazer, pelo menos, os três principais requisitos de segurança, que incluem a proteção da confidencialidade da informação, a preservação da integridade da informação e a promoção da disponibilidade da informação para os utilizadores autorizados. O quadro VIII resume os principais requisitos de segurança para as redes sem fios. É muito instrutivo notar que, embora essas medidas de segurança sejam facilmente implementadas em redes com fio, elas parecem ser um pouco difíceis em redes sem fio. Por exemplo, para se proteger contra ataques de interferência, um nó sem fios utiliza técnicas DSSS (ou FHSS) adicionais.

Consideremos agora a implementação de um dos requisitos de segurança, como a autorização, numa tecnologia Bluetooth. Uma arquitetura de segurança Bluetooth tem um gestor de segurança como componente-chave responsável pela autenticação, autorização e encriptação [6]. A tecnologia Bluetooth implementa a confidencialidade, a autenticação e a derivação de chaves. A chave é gerada com base num PIN Bluetooth, que deve ser introduzido em ambos os dispositivos. Durante o emparelhamento, é gerada uma chave de inicialização ou chave mestra, utilizando o algoritmo E22. O processo de autorização é utilizado para permitir que um dispositivo Bluetooth tenha acesso a outro dispositivo. Embora se possam dizer muitas vantagens sobre a utilização da tecnologia Bluetooth, existem também alguns desafios. Alguns deles incluem ataques de negação de serviço, escutas, ataques man-in-the-middle, alteração de mensagens, etc.

QUADRO 4.8: Requisitos de segurança da rede sem fios

	Explanation
AUTHENTICITY	This involves a measure that determines whether a user is who he or she claims to be. It is the right or privilege granted to a user to have legitimate access to a system. This process can be used to confirm the identity of node in order to determine the real authorized user [58].
CONFIDENTIALITY/ CRYPTOGRAPHY	**Explanation** This involves techniques employed to protect the integrity of data or information. The data is first coded with special algorithms that render the data 'useless' to any interceptor that does not have the decryption key. Encrypted data intercepted on the way cannot be deciphered unless it gets to whom it is meant for and who probably has the key to decrypt it. Such method is used in the banking systems where electronic fund transfer takes place on a routine basis. This method has proven highly effective method of securing data.
INTEGRITY	**Explanation** This involves measures and techniques adopted to guarantee the accuracy and reliability of information transmitted over a wireless network. Integrity of information entails that information-source is without falsification and modification by unauthorized users [6, 58]. Hence, loss of integrity is a situation where data in a database system is corrupted by unauthorized users. Integrity models aim to achieve three major objectives: preventing unauthorized users from modifying the data or programs; preventing authorized users from making improper or unauthorized changes to data; and ensuring that data and programs are consistent both internal and external.
AVAILABILITY	**Explanation** This is the process of ensuring that data is accessible to the authorized user at any time of request. Loss of availability is a situation where the data or the system or both can no longer be accessed as a result of invasion by unauthorised users. Three major challenges to availability include: Denial-of-service (DoS) as a result of deliberate attacks; Loss of information due to some natural disasters like fires, floods, storms etc., and Equipment failure during normal use.

Para garantir a confidencialidade, a integridade e a disponibilidade das informações ou dos dados, os autores propuseram uma série de mecanismos de segurança em [18], [22], [29], [38-39] e [44], que incluem

- Alterar o SSID predefinido com a maior regularidade possível. O Service Set Identifier (SSID) é um identificador único normalmente anexado ao cabeçalho dos pacotes retransmitidos através de redes sem fios, que funciona como uma palavra-passe quando um dispositivo móvel tenta ligar-se a uma determinada WLAN. Recomenda-se que este identificador seja alterado regularmente, uma vez que, caso contrário, os administradores de

WLAN cometem frequentemente erros de segurança. Também é aconselhável não utilizar um nome descritivo para o SSID ou para o ponto de acesso.

- Utilizar a Rede Privada Virtual (VPN). Esta é uma tecnologia de rede que cria uma ligação segura através de uma rede pública, como a Internet, ou uma rede privada pertencente a um fornecedor de serviços. Isso é comum em grandes corporações, instituições educacionais e agências governamentais. Uma VPN é capaz de ligar vários locais a uma grande distância, semelhante à de uma rede de área alargada (WAN). Uma VPN proporciona uma elevada segurança para a implementação da rede sem fios, sem acrescentar custos gerais significativos para os utilizadores. Uma tecnologia VPN fornece três níveis de segurança, que incluem autenticação, encriptação e integridade dos dados.
- Alterar as palavras-passe e os endereços IP predefinidos
- Utilizar o Protocolo de Autenticação Extensível (EAP). Este protocolo fornece uma autenticação centralizada e uma distribuição dinâmica de chaves.
- Utilizar o LEAP (Lightweight Extensible Authentication Protocol). Este foi introduzido pela Cisco no ano 2000 para fornecer funcionalidades de segurança adicionais ao EAP, que incluem derivação de chave segura, chaves WEP dinâmicas, políticas de reautenticação e alterações do vetor de inicialização.
- O ponto de acesso deve ser colocado fora da firewall para evitar que um hacker tenha acesso aos recursos da rede.
- Minimizar a propagação de ondas de rádio em áreas não utilizadas, assegurando que as antenas não são posicionadas para dar cobertura a áreas fora das suas imediações.
- Utilização de cartões inteligentes, fichas USB e fichas de software
- Utilizar o Protocolo de Integridade de Chave Temporal (TKIP). Este protocolo foi concebido para resolver as falhas associadas ao WEP e implementa uma verificação da integridade da mensagem.
- O acesso Wi-Fi protegido (WPA e WPA2). Estes protocolos de segurança também foram desenvolvidos para resolver as deficiências do WEP.
- Secure Socket Layer (SSL). Este protocolo de segurança foi desenvolvido para os utilizadores da Internet. É utilizado por muitos criadores de sítios Web para fins de segurança. Normalmente, quando um utilizador da Internet se liga a um sítio Web, a página resultante é SSL, que encripta os dados transmitidos para evitar que sejam interceptados por terceiros. É este protocolo de segurança que mantém o seu nome, endereço e dados do cartão de crédito entre si e o seu cliente.

CAPÍTULO 5

ABORDAGEM METODOLÓGICA

5.1 INTRODUÇÃO

Kumar (2005) definiu a metodologia de investigação como *"um plano de procedimento adotado por um investigador para responder a perguntas de forma válida, exacta e económica"*. Esta metodologia ajuda a concetualizar os planos, as tarefas e os procedimentos necessários para a realização completa de um estudo e garante também a validade e a exatidão dos procedimentos utilizados para responder às questões de investigação.

Qatey (1999) observou que a seleção de métodos ou concepções de investigação adequados seria fundamental para qualquer estudo de investigação, uma vez que ajudaria a reduzir quaisquer complexidades que pudessem ser observadas no decurso do estudo. Assim, o autor adoptou uma metodologia adequada para investigar, avaliar e compreender os desafios das comunicações sem fios enfrentados pela Mobile Telephone Network (MTN) da Nigéria.

O capítulo apresenta e explica os métodos utilizados pelo autor na recolha, interpretação e análise dos dados da investigação. O principal objetivo aqui, tal como sugerido por Yim (2003), é desenvolver uma ligação lógica entre a informação recolhida e os objectivos do estudo. O investigador considerou uma técnica processual de amostragem intencional na seleção dos entrevistados que abrangem diferentes facetas e unidades da Mobile Telephone Network (MTN) Nigéria. Uma vez que o estudo exigia uma investigação e uma avaliação exaustivas dos desafios que militam contra a prestação de uma qualidade de serviço (QoS) eficiente pela MTN Nigéria, foi efectuada uma entrevista aprofundada para investigar esses desafios. Por conseguinte, esta secção foi dividida em quatro partes, tal como proposto por Saunders, Lewis e Thornhill (2007), nomeadamente

- Processo de investigação
- Conceção/Estratégia de Investigação
- Abordagem de investigação
- Recolha de dados

5.2 PROCESSO DE INVESTIGAÇÃO

Este estudo de investigação seguiu um processo de investigação tradicionalmente estruturado. Começou com a conceção e identificação do tema de investigação, seguindo-se a determinação das questões de investigação, a revisão da literatura académica relacionada e, finalmente, a análise dos dados, a partir da qual foram apresentadas conclusões e recomendações.

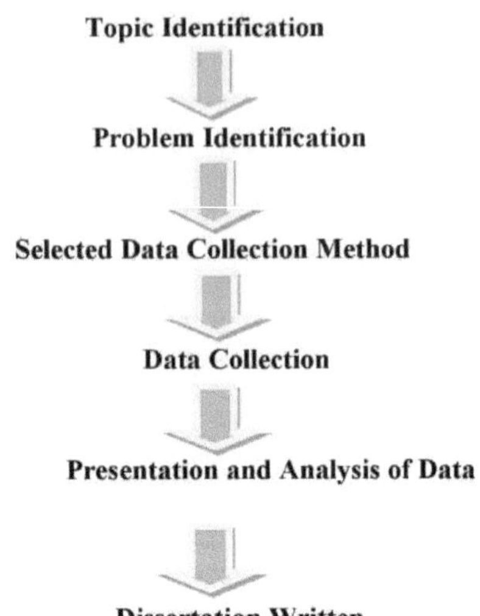

5.3 CONCEPÇÃO DA INVESTIGAÇÃO

Isto fornece obviamente um quadro estrutural para a recolha e análise de dados (Bryman e Bell 2007). Revela o tipo de investigação que o investigador pretende efetuar (ou seja, explicativa, exploratória ou descritiva) e também as suas prioridades (Kjell e Pervez 2005). É interessante notar a importância de uma boa conceção da investigação para minimizar o risco de obter falsas representações, que podem ser prejudiciais para os objectivos globais da investigação. No entanto, isto depende em grande medida das questões que a investigação pretende estudar.

As estratégias de investigação adoptadas neste trabalho foram principalmente o inquérito e o *estudo de caso*. Isto deve-se aparentemente à necessidade de ser visionário e prognóstico. O inquérito é largamente utilizado em tópicos relacionados com negócios e gestão, uma vez que tende a ser útil tanto para a investigação descritiva como para a exploratória. De acordo com Saunders, Lewis e Thornhill (2007), a popularidade do inquérito é atribuída à capacidade de recolher dados de uma população significativamente grande, sendo ao mesmo tempo económico. Por conseguinte, o autor considerou a utilidade do *inquérito* no âmbito deste estudo, uma vez que a Rede de Telefonia Móvel (MTN) da Nigéria comanda a maior base de assinantes e a principal indústria de telecomunicações do país, onde o inquérito foi realizado. De acordo com a inspeção, a MTN Nigéria cobre mais de 70% da população nigeriana que é sua subscritora, embora alguns nigerianos também tenham mais do que um fornecedor de rede. Assim, a essência do *inquérito* foi considerada necessária a este respeito, uma vez que asseguraria uma representação completa destes utilizadores da rede em equipa. Através do *inquérito*, foi possível chegar a um grande número de utilizadores da rede MTN, bem como ao pessoal da MTN e aos membros do pessoal da MTN. O *estudo* de caso é geralmente superior quando se trata de responder às perguntas '*como*' e '*porquê*' sobre uma determinada área temática, enquanto o *inquérito* se torna muito relevante quando se trata de responder às perguntas '*quem*', '*onde*', '*o quê*', '*quantos*' e '*quanto*' sobre um tópico específico. Entretanto, ambas as estratégias de investigação podem ser exploradas especialmente quando o investigador tem pouco controlo sobre os acontecimentos comportamentais e quando os acontecimentos em estudo são contemporâneos. Este foi obviamente o caso deste estudo, que tentou investigar e avaliar alguns dos desafios que têm dificultado a qualidade do serviço de comunicações sem fios.

5.4 ABORDAGEM DE INVESTIGAÇÃO

Os métodos de investigação utilizados neste estudo foram principalmente o inquérito exploratório e o inquérito descritivo. A abordagem exploratória foi utilizada para procurar ideias, fazer perguntas, avaliar fenómenos sob uma nova luz e obter uma compreensão mais profunda da área de estudo, enquanto a abordagem descritiva ajudou a descrever um relatório claro de situações (ou seja, uma descrição detalhada dos desafios da comunicação sem fios na Nigéria). A investigação exploratória tende para uma estrutura flexível com o objetivo de descrever futuras tarefas de investigação (Adesina 2009). Tem as vantagens da flexibilidade e da adaptabilidade à mudança por parte do investigador. A investigação descritiva diz respeito às questões - quem, o quê, quando, onde e como, de um tópico (Donald e Pamela 1998). Foi empregue um método exploratório porque não foi feita qualquer investigação sobre os desafios da comunicação sem fios na Nigéria, com vista a propor recomendações à Mobile Telephone Network (MTN) Nigéria.

Foi adoptada a triangulação, que implica a recolha de dados através de vários métodos de recolha de dados. Esta abordagem assegurou que os pontos fracos e os enviesamentos que poderiam provavelmente surgir da utilização de apenas um método de recolha de dados fossem eliminados. Permite a recolha de dados qualitativos e quantitativos de diferentes fontes, incluindo fontes primárias e secundárias. Por esta razão, o autor optou por utilizar os questionários e as entrevistas semiestruturadas. A forma primária de recolha de dados foi constituída por entrevistas a 12 entrevistados - pessoas que utilizam as linhas/serviços da MTN e pessoas que tiveram contacto com a MTN direta ou indiretamente. Estes entrevistados também incluíam funcionários anteriores e actuais de vários níveis e posições, clientes quotidianos e gestores localizados na cadeia de abastecimento/logística, compras, marketing e funções de TI, fornecedores e parceiros. A ideia subjacente à escolha de pessoas de diferentes facetas da vida era evitar respostas tendenciosas.

Uma segunda abordagem adoptada foi um questionário em linha que foi preenchido por entrevistados que poderiam ser difíceis de contactar. Não foi feita qualquer seleção especial para o questionário em linha, exceto o facto de o inquirido ter de ser alguém que vivesse na Nigéria, tivesse conhecimentos de Internet e utilizasse os produtos ou serviços da MTN. Uma seleção discriminatória teria resultado em poucas ou nenhumas respostas devido ao baixo nível de exposição às facilidades da Internet e à relutância em participar em questionários em linha. O questionário em linha foi testado por alguns inquiridos, modificado e o link da versão revista foi disponibilizado ao maior número possível de inquiridos através dos seus e-mails.

Porquê a utilização de uma abordagem qualitativa?

Os desafios das comunicações sem fios enfrentados pela Mobile Telephone Network (MTN) Nigéria foram avaliados exaustivamente utilizando uma abordagem de investigação qualitativa em vez de um método quantitativo, devido à flexibilidade desta abordagem. Esta abordagem permitiu que os entrevistados respondessem às perguntas da investigação no seu próprio contexto e que o investigador tivesse a oportunidade de fazer perguntas complementares no decurso da entrevista.

Por razões de proteção e segurança dos dados, alguns dos materiais necessários não foram disponibilizados ao investigador. No entanto, através de uma entrevista semi-estruturada com o diretor do departamento de TI, foi possível obter uma visão das medidas de segurança implementadas pela Mobile Telephone Network (MTN) Nigéria. O investigador constatou também que algumas das perguntas da entrevista foram alteradas para ter em conta novos conhecimentos no decurso da entrevista.

5.5 FONTES DE RECOLHA DE DADOS

Para a realização deste projeto, foram utilizadas fontes primárias e secundárias de recolha de dados. As fontes primárias de dados envolveram entrevistas presenciais, questionários online, entrevistas telefónicas e técnicas de recolha de dados por correio eletrónico (e-mail). Foram colocadas 20 questões abertas que inquiriam a convicção dos entrevistados sobre os desafios das comunicações sem fios na Nigéria.

O investigador teve o privilégio de visitar o país em dezembro de 2009 e ficou até ao início de janeiro deste ano, antes de regressar ao Reino Unido. Foi essa a oportunidade que teve e realizou entrevistas presenciais com alguns dos utilizadores dos produtos e serviços da MTN, e mesmo com utilizadores de outros fornecedores de redes. Entrevistou pessoalmente o diretor de informação e o diretor técnico dos vários departamentos de TI, o diretor de marketing e algum pessoal-chave da unidade de serviço ao cliente da Mobile Telephone Network (MTN) Nigéria. Devido à natureza do período (ou seja, a época natalícia), não foi possível entrevistar pessoalmente o diretor-geral principal, que estava aparentemente ocupado com os seus compromissos. No entanto, ele e outros que não puderam ser entrevistados presencialmente foram posteriormente entrevistados por telefone quando o investigador regressou ao Reino Unido. Devido à distância, foi pedido a muitos dos inquiridos que deixassem os seus endereços electrónicos e dados de contacto com o investigador, que se viu obrigado a contactá-los mais tarde através dos mesmos.

O aspeto do questionário baseou-se nos subscritores de GSM que eram compostos por polícias, professores, licenciados desempregados, comerciantes itinerantes, agricultores e condutores como população-alvo. A amostra consistiu em 1000 inquiridos selecionados aleatoriamente em dez comunidades rurais do Estado de Imo, na Nigéria. A sua idade variava entre os 25 e os 50 anos.

As fontes secundárias de dados incluíram revistas e artigos de fontes reputadas, livros de texto (que ajudaram o autor a ter uma compreensão aprofundada da área temática), revistas, estudos de mercado, relatórios anuais de negócios da MTN, relatórios de jornais, Internet, documentos oficiais e materiais em linha.

Estas fontes e técnicas de recolha de dados foram utilizadas para descobrir os problemas encontrados na utilização das redes de comunicações sem fios, tanto pelos utilizadores como pelos fornecedores.

5.6 RELAIBILIDADE E VALIDADE

A fiabilidade, tal como defendida por Saunders, Lewis e Thornhill (2007), diz respeito ao grau em que a análise, os procedimentos ou os métodos de recolha de dados produzem resultados estáveis; enquanto a validade é a medida em que as conclusões de um estudo são interpretadas corretamente (Munhall e Ronald 2007). A fiabilidade aplica-se à medida em que as técnicas de recolha de dados ou a análise produzem resultados consistentes. As principais ameaças à fiabilidade podem ser o erro do participante ou do sujeito, o enviesamento do participante, o erro do observador e o enviesamento. Por outro lado, a validade é confrontada com as ameaças da história, dos testes e do instrumento.

A fiabilidade da investigação baseou-se na utilização da triangulação, que implica a utilização de vários métodos e técnicas de recolha de dados.

Durante as entrevistas presenciais com os inquiridos, o investigador assegurou que o enviesamento dos participantes, devido a respostas inexactas, fosse evitado, garantindo o anonimato dos inquiridos. Os objectivos definidos para o estudo eram, sem dúvida, alcançáveis e realistas, como mostra o diagrama de Gantt (ver Anexo E). Com base no diagrama de Gantt, poder-se-ia dizer que o projeto foi realizado atempadamente, uma vez que os objectivos foram cumpridos no prazo de três meses.

5.7 QUESTÕES ÉTICAS

Algumas das questões éticas que tinham de ser observadas neste trabalho de investigação foram rigorosamente cumpridas. Por exemplo, o público-alvo foi informado sobre o objetivo da investigação antes do início da entrevista. O investigador mostrou alguma delicadeza durante a realização da entrevista. Para o efeito, procurou primeiro obter o consentimento dos entrevistados e fixou uma hora específica com base num acordo alcançado de acordo com a conveniência dos entrevistados. Os inquiridos também foram previamente informados antes de serem convidados para uma entrevista telefónica.

A confidencialidade das informações fornecidas ao investigador foi assegurada e mantida ao longo de todo o processo (ou seja, foi respeitada a lei de proteção de dados).

5.8 RESUMO

Neste capítulo em particular, o autor tentou descrever e explicar a metodologia utilizada para atingir todos os objectivos estabelecidos no estudo. Os métodos incluíram fontes de dados primárias e secundárias. O capítulo captou em pormenor as medidas necessárias para produzir resultados e análises exactos, assegurando que a maior parte dos dados foram pré-testados para efeitos de validade. Depois, a fiabilidade e a validade dos resultados esperados também foram analisadas. Finalmente, concluiu-se com uma lista de algumas considerações éticas que reflectem profundamente o âmbito do estudo.

CAPÍTULO 6

REDE TELEFÓNICA MÓVEL (MTN) NIGÉRIA

Este capítulo apresenta um estudo aprofundado sobre a posição atual da Rede de Telecomunicações Móveis (MTN) da Nigéria. Considera alguns dos desafios empresariais da indústria das telecomunicações e analisa também o seu posicionamento estratégico no ambiente de mercado. Com isto, o autor pretende avaliar as actividades e os desafios da indústria relativamente ao serviço de comunicações sem fios. Foram utilizadas as análises SWOT e PESTEL para atingir o objetivo acima referido. O autor também explora a utilização da Matriz ANSOFF e das Cinco Forças de Porter nas suas análises. Em última análise, isto constituirá a base para que o fornecedor de serviços sem fios (ou seja, a MTN) se concentre nos principais desafios que militam contra o seu desempenho ótimo, com o objetivo de utilizar os seus pontos fortes e oportunidades para se manter forte e competitivo. Essencialmente, a análise SWOT continua a ser um modelo de planeamento estratégico utilizado para determinar os pontos fortes, os pontos fracos, as oportunidades e as ameaças de qualquer instituição ou empresa. É basicamente utilizada para examinar os factores internos que afectam o desempenho de uma instituição, enquanto a análise PESTEL (política, económica, social, tecnológica, ambiental e jurídica) examina estrategicamente os factores externos. No entanto, é muito instrutivo notar que todas as ferramentas e modelos de planeamento estratégico têm as suas várias deficiências individuais. Para este efeito, o autor explorou a combinação de ambas as ferramentas (ou seja, SWOT e PESTEL) para ultrapassar as limitações de cada um dos modelos autónomos.

6.1 VISÃO GERAL DA EMPRESA

A Mobile Telecommunication Network (MTN) Nigéria é uma empresa de telecomunicações GSM que presta serviços de telecomunicações. A empresa oferece serviços telefónicos de linha fixa, sem fios e celulares. Também fornece serviços de consulta de listas telefónicas, Internet, dados móveis, fax, localização de veículos e frotas, serviços de rede privada virtual (VPN) e serviços de chamadas em conferência para empresas. A empresa foi constituída na Nigéria em 8 de novembro de 2000 e iniciou todas as suas actividades em 8 de agosto de 2001. A sua sede está localizada em Lagos, na Nigéria. É uma filial do MTN Group Limited - a principal empresa de telecomunicações celulares de África. A MTN obteve uma licença para operar telefonia digital GSM na Nigéria em 9 de fevereiro de 2001, pela Nigerian Communications Commission (NCC). Até à data, a MTN investiu mais de 4 mil milhões de dólares na economia nigeriana e pagou mais de 1,8 mil milhões de dólares em várias taxas e impostos ao governo.

Precisamente, em 16 de maio de 2001, a MTN surgiu como a primeira rede GSM a efetuar uma chamada na sua rede GSM, na sequência do leilão GSM nigeriano, mundialmente elogiado, realizado pela Comissão Nigeriana das Comunicações (NCC) no início do ano (Relatório NCC 2004). Posteriormente, a empresa iniciou todas as suas actividades, começando por Lagos, Abuja e Port Harcourt. Posteriormente, estendeu os seus tentáculos às seis zonas geopolíticas da Nigéria.

Quando a MTN Nigéria iniciou as suas operações, o tráfego de voz era efectuado numa espinha dorsal de transmissão digital por micro-ondas. Devido ao crescimento da sua base de assinantes, a espinha dorsal atingiu rapidamente os limites da tecnologia de micro-ondas e procurou-se uma maior capacidade e velocidade. Para atender ao crescimento da sua base de assinantes e para garantir a possibilidade de executar voz e dados na mesma rede, a MTN Nigéria investiu numa infraestrutura de rede de fibra ótica de 20 Gigabits, ligando todos os principais centros, numa configuração totalmente redundante e protegida.

Desde o seu lançamento em agosto de 2001, a MTN Nigéria tem vindo a implantar os seus serviços em toda a Nigéria. Atualmente, presta serviços em mais de 223 cidades e vilas, mais de 10.000 aldeias e comunidades e um número crescente de auto-estradas em todo o país, abrangendo os 36 estados da Nigéria e o Território da Capital Federal, Abuja. Aliás, muitas destas aldeias e comunidades estão a ser ligadas ao mundo das telecomunicações pela primeira vez. A espinha dorsal de transmissão digital por micro-ondas da empresa, a Y'ello Bahn, com 3 400 km, foi encomendada pelo Presidente Olusegun Obasanjo em janeiro de 2003 e é considerada a mais extensa infraestrutura de transmissão digital por micro-ondas em toda a África. A Y'ello Bahn contribuiu significativamente para melhorar a qualidade das chamadas na rede MTN.

A MTN Nigéria assenta nos cinco valores fundamentais da marca: **Liderança, Relações, Integridade, Inovação e "Can-Do".** Orgulha-se da sua capacidade de tornar possível o "impossível", ligando as pessoas aos amigos, à família e às oportunidades (MTN Business Report 2009).

A MTN Nigéria também expandiu recentemente a capacidade da sua rede para acomodar gamas de numeração com os prefixos "0813" e "0706", tornando assim a MTN a primeira rede GSM na Nigéria a adotar sistemas de numeração adicionais, presumivelmente, depois de ter esgotado as suas gamas iniciais de numeração de assinantes - "0803", "0806" e "0703". Na sua determinação de prestar um serviço eficiente ao cliente, a MTN Nigéria introduziu também uma linha gratuita de autoajuda 181, através da qual os assinantes podem resolver gratuitamente as suas perguntas mais frequentes.

Recentemente, a MTN candidatou-se a uma licença 3G e foi a primeira empresa (GSM) a pagar os 150 milhões de dólares exigidos. Mais uma vez, a empresa estará na vanguarda do desenvolvimento de tecnologias que estimularão uma revolução das TIC e permitirão à Nigéria e aos nigerianos atingir novos níveis de desenvolvimento socioeconómico (Adebola 2009). A MTN Nigéria também oferece serviços de telecomunicações multifacetados, como o acesso à rede celular e soluções empresariais, e ocupa uma quota de mercado de 46,19% dos principais operadores de serviços de telecomunicações móveis (NCC June Report 2009).

6.2 AGENDA ESTRATÉGICA DA MTN (Declarações de Missão e Visão)

A visão da MTN é ser líder em telecomunicações nos mercados emergentes. A missão primordial *é "ser um catalisador do crescimento económico e do desenvolvimento da Nigéria, ajudando a libertar o forte potencial de desenvolvimento da Nigéria, não só através do fornecimento de comunicações de classe mundial, mas também através de iniciativas inovadoras e sustentáveis de responsabilidade social das empresas"* (Alade 2001). A agenda estratégica da MTN assenta em três pilares - **consolidação e diversificação, alavancagem da pegada e da capacidade intelectual existentes,** e **convergência e evolução operacional.** A MTN construiu uma marca global forte e é assim reconhecida pela sua liderança na telefonia móvel nos mercados emergentes. A marca MTN é um diferenciador fundamental e a sua estratégia consiste em tirar partido dela para alcançar um crescimento e uma eficiência ainda maiores.

A figura abaixo mostra a agenda estratégica da MTN Nigéria, que está atualmente a experimentar uma aceitação crescente da importância inevitável dos dados na indústria, com implicações significativas para a infraestrutura. Acelerou os preparativos para uma era em que os operadores móveis se tornarão fornecedores significativos de conetividade baseada na Internet.

6.3 OBJECTIVOS DE NEGÓCIO DA MTN

A MTN tem o seguinte conjunto de objectivos relativamente à sua atividade:

- Tornar-se a empresa de referência para os clientes na Nigéria
- Criar uma cultura propícia ao desenvolvimento do empenhamento dos líderes/funcionários na centralização no cliente
- Ganhar a confiança dos clientes, colocando-os no centro das suas actividades
- Atenuar os desafios que o país enfrenta no domínio da saúde através de parcerias
- Contribuir para a campanha nacional de sensibilização para o VIH/SIDA
- Fornecer recursos educativos para uma aprendizagem eficaz
- Melhorar a economia, capacitando os nigerianos através da aquisição de competências, formação, reforço das capacidades, microfinanciamento e criação de empresas

A MTN Nigéria planeia atingir os objectivos supramencionados centrando-se em três elementos principais, a saber

- Facilitar a implementação de uma abordagem "centrada no cliente" em todos os departamentos da MTN
- Criar um nível distinto de serviço ao cliente baseado na compreensão das necessidades e expectativas dos clientes
- Situar as áreas do núcleo da empresa viradas para o cliente com as restantes áreas de apoio

6.4 PRODUTOS E SERVIÇOS

A Mobile Telecommunications Network (MTN) Nigéria oferece uma vasta gama de produtos e serviços que podem ser classificados como produtos globais e personalizados. Alguns destes produtos e serviços incluem:

- XtraConnect: Este é um plano fácil e económico que oferece tarifas de SMS reduzidas para se manter ligado à família e aos amigos. Tem 50% de desconto nas chamadas de voz para quaisquer quatro (4) números MTN registados como seus familiares e amigos.
- XtraCool: Trata-se de uma faturação ao segundo especificamente concebida para se adequar à singularidade dos jovens e dos que estão na moda. Tem tarifas SMS especiais mais baixas para mensagens de texto enviadas para a rede MTN e chamadas nocturnas gratuitas todos os dias da semana, das 12h30 às 4h30.
- XtraPro: Esta marca destina-se aos profissionais jovens e em ascensão e aos jovens empresários, com produtos, serviços e benefícios de estilo de vida que proporcionam acesso a conhecimentos

invulgares que conduzem a um desempenho excecional.

- XtraProfit: Este é um pré-pago por segundo concebido para proprietários de centros de negócios ou potenciais proprietários.
- XtraValue: Este é um contrato com um depósito mínimo, um pacote de taxa de acesso de subscrição mensal especificamente concebido para oferecer aos profissionais e executivos de negócios exigentes uma tarifa baixa e económica e a conveniência de pagar as suas chamadas no final de cada mês.
- XtraSpecial: Este é um pacote de luxo concebido para homens de negócios de sucesso.

Embora os produtos acima mencionados sejam os produtos da MTN, eis uma lista de alguns dos serviços que pode encontrar na empresa:

- MTN Carregado
- MTN Google SMS
- Apoio MTN
- MTN SIM Plus
- Família e amigos MTN
- MTN Liga-me
- Connect4Life
- Recarga MTN Nigéria
- MTN FastMail
- Correio de voz MTN
- MTN Eye
- MTN Flash
- Serviços WAP e roaming internacional

6.5 ESTRUTURA ORGANIZACIONAL DA MTN NIGÉRIA

A estrutura organizacional diz respeito ao quadro formal e informal de políticas e regras, no âmbito do qual uma organização organiza as suas linhas de autoridade e comunicações e atribui direitos e deveres (Hannagan 2008). Determina a forma e a extensão em que as regras, o poder e as responsabilidades são delegados, controlados e coordenados, e como a informação flui entre os níveis de gestão. A este respeito, o conselho de administração da MTN Nigéria está empenhado em atingir padrões óptimos de responsabilidade e governação empresarial. Práticas sólidas de governação empresarial constituem a base dos mecanismos de decisão do fornecedor de telecomunicações, o que ajuda a garantir um processo de tomada de decisões que reforça e protege os interesses de todas as partes interessadas. O diretor executivo (CEO) é responsável pelos assuntos do sector e toma as decisões gerais em conjunto com outros executivos da empresa. A Figura 4.2 representa a estrutura organizacional (operacional) da Rede de Telecomunicações Móveis (MTN) da Nigéria.

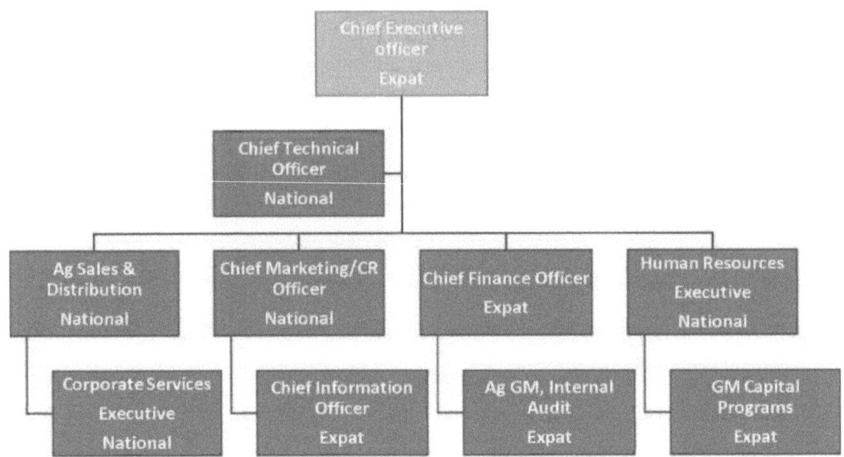

FIGURA 6.1 ESTRUTURA ORNANIZACIONAL (Operacional) da MTN

Embora a estrutura organizacional da indústria das telecomunicações móveis seja multidivisional por natureza, uma vez que cada unidade tende a concentrar-se em facetas específicas da organização, existe, no entanto, algum tipo de descentralização na sua estrutura, para que os líderes empresariais possam tomar determinadas decisões em circunstâncias que possam resultar em atrasos. Obviamente, essas decisões são tomadas para evitar atrasos desnecessários. No entanto, são traçadas linhas de fronteira para enfatizar as medidas de controlo e o limite até ao qual cada líder pode exercer a sua autoridade.

6.6 CULTURA ORGANIZACIONAL

De acordo com Bali (2009), uma cultura organizacional refere-se a um conjunto de valores, normas, crenças, compreensão e formas de pensar que são partilhadas pelos membros de uma organização e que também podem ser transmitidas a novos membros. Essencialmente, a cultura descreve o comportamento de uma organização, uma vez que também incentiva a consistência, a conformidade, a colaboração e a confiança (Bali 2009). À luz da definição de cultura organizacional acima referida, a MTN Nigéria tem uma identidade cultural distinta que representa o espírito de todos os membros do pessoal da organização. Esta identidade cultural assenta em três pilares fundamentais (agenda estratégica) - Consolidação **e diversificação, Alavancar a pegada existente e a capacidade intelectual,** e **Convergência e evolução operacional**, tal como se pode ver na figura 3.1.

O logótipo da MTN é distinto, simples, elegante, vibrante e memorável. A cor amarela representa, alegadamente, energia, ousadia, força, inovação, entusiasmo e distinção; tudo isto está em conformidade com as aspirações dominantes da MTN de ser o líder das telecomunicações nos mercados emergentes. É o que mostra a figura 4.4.

6.7 POSIÇÃO ESTRATÉGICA DA MTN NIGÉRIA

Esta secção analisa o posicionamento estratégico da Rede de Telecomunicações Móveis (MTN) da Nigéria. A investigação bibliográfica será utilizada como enquadramento para analisar o impacto do macroambiente e das forças do sector na estratégia empresarial da MTN Nigéria. De acordo com Porter (1980) e Porter e Miller (1985), uma empresa desenvolve as suas estratégias comerciais para obter vantagens competitivas (ou seja, maiores lucros) em relação aos seus concorrentes.

Johnson e Scholes (2002) afirmam que a estratégia pode ser vista como a correspondência entre os recursos e as actividades de uma organização e o ambiente em que esta opera. Isto implica que as organizações devem compreender o seu ambiente para poderem fazer a "correspondência". A análise estratégica permite ao investigador olhar tanto para o interior como para o exterior da empresa.

Em primeiro lugar, uma empresa pode utilizar três estratégias para criar uma vantagem competitiva, nomeadamente: liderança global em termos de custos, diferenciação e enfoque (Adesina 2009). Segundo ele, uma estratégia de liderança global em termos de custos tenta oferecer o menor custo de produto ou serviço aos clientes em relação aos rivais de uma empresa. Esta estratégia baseia-se na gestão eficiente de toda a cadeia de valor, em que os custos devem ser rigorosamente controlados desde a compra de matérias-primas até à entrega no canal de distribuição. Por outro lado, uma estratégia de diferenciação posiciona uma empresa para competir com base na singularidade e no valor dos seus produtos e serviços, enquanto uma estratégia de focalização é adoptada pelas empresas para as posicionar num nicho de mercado (Lumpin, Scott e Gregory 2002). As caraterísticas notáveis da estratégia de diferenciação incluem, entre outras, as seguintes: imagem de marca bem conhecida, uma forte reputação e produtos e serviços de qualidade. As empresas que utilizam a estratégia de diferenciação exploram a vantagem de criar capacidades tão especializadas para um determinado cliente que a probabilidade de o cliente recorrer a outros fornecedores de soluções se torna muito reduzida.

O autor efectuará uma análise aprofundada da MTN Nigéria utilizando técnicas de análise interna e externa. O resultado da análise constituirá também a base das suas recomendações à empresa. As análises internas que serão efectuadas à MTN Nigéria são a análise **SWOT** e a matriz **ANSOFF**, enquanto as análises externas incluem a análise **PESTEL** e as Cinco Forças de **PORTER**.

6.7.1 ANÁLISE S.W.O.T

Apresenta-se assim um quadro simples para a criação de alternativas a partir da análise da situação. Tal como referido na página introdutória deste capítulo, ***SWOT*** é o acrónimo de Strengths (forças), Weaknesses (fraquezas), Opportunities (oportunidades) e Threats (ameaças). De acordo com Hill e Westbrook (1997), esta forma de análise continua a ser uma das abordagens mais diretas na análise da posição estratégica de uma empresa. Para Net MBA (2006), a análise é adequada para abordar situações estratégicas complexas num período de tempo muito limitado. Essencialmente, a análise SWOT permite que as organizações aproveitem os seus pontos fortes, corrijam os seus pontos fracos, capitalizem as oportunidades de ouro e desenvolvam estratégias para reduzir as ameaças potenciais (Mycoted 2006). A análise SWOT da MTN é descrita de seguida:

QUADRO 6.1 ANÁLISE SWOT DA MTN NIGÉRIA

Internal Origin	***Strengths:*** ▪ Very innovative in approach ▪ Has coverage of 70% of the population ▪ Has commenced investment on power ▪ Increased knowledge sharing ▪ Secured more competitive prices from vendors of network equipment ▪ Has built a strong global brand & is recognized for its leadership in mobile telephony. ▪ Increased tele-access ▪ Increased turnover for advertising & marketing services ▪ Astronomical increase in traffic volume for other private telecom operators ▪ Economic empowerment & business efficiency. ▪ National spread & rural penetration	***Weaknesses:*** ▪ Slow growth of fixed services ▪ Low penetration of the internet ▪ Limited bandwidth & coverage backbone infrastructure ▪ Poor quality of service including lack of wider coverage especially in rural areas ▪ Poor customer services ▪ Lack of adequate interconnectivity ▪ Lack of effective coordination ▪ Lack of sufficient bandwidth capacity for voice & data demands.

External Origin	***Opportunities:*** ▪ Unified licence presents corporate & retail opportunities ▪ Transmission & backbone way ahead of competitors, quality network ▪ Ability to capitalize on market share, visibility now increasing ▪ Strong growth still evident ▪ Ability to leverage brand (recent improvement due to repositioning) ▪ Contribution to Nigeria's GDP ▪ Boost to the banking sector turnover ▪ Cross industry linkages.(a direct impact on the development of other key industries)	***Threats:*** ▪ Continued network challenges in certain areas (eastern region) ▪ Poor infrastructural facilities such as unreliable power supply, lack of good roads, and insecurity issues ▪ Upcoming 2011 elections ▪ Increased competitors' rivalry ▪ New entrants into the market ▪ High import duties ▪ Government regulations and changing policies ▪ Niger-Delta crisis ▪ Political instability & policy inconsistencies ▪ Anti-competitive practices ▪ Poor voice signal quality ▪ High operational cost ▪ Spectrum planning & allocation problems. ▪ Provision of corporate service on voice & data technologies ▪ Existence of a multi-operator competitive environment

6.7.2 MATRIZ ANSOFF

A Matriz ANSOFF, por vezes designada por grelha produto/mercado, é utilizada para explicar as opções de crescimento ou expansão da empresa. É uma forma muito rápida e simples de expandir uma abordagem estratégica ao crescimento. O modelo apresenta quatro opções de crescimento para a empresa, que são criadas através da correspondência entre os produtos e serviços existentes e novos de uma organização e os mercados existentes e novos, conforme ilustrado na figura 4.4. Essencialmente, a matriz ilustra o risco a que uma determinada estratégia pode expor uma organização (ou seja, o risco aumenta ao deslocar-se horizontal ou verticalmente no quadrante).

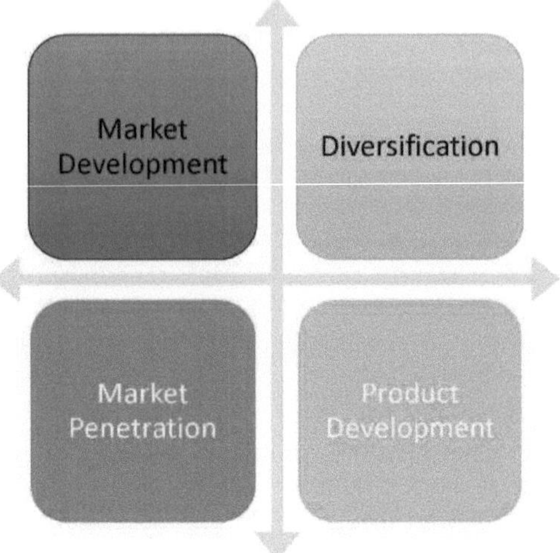

FIGURA 6.2 Diagrama de matriz ANSOFF

Da matriz acima, a Rede de Telecomunicações Móveis (MTN) da Nigéria insere-se no quarto quadrante, que é o "**desenvolvimento de produtos**". Trata-se da instalação de equipamento de rádio de nova geração, que utiliza tecnologias como EDGE, 3G e HSDPA (3,5G ou $3G^+$) para melhorar o acesso aos dados e a qualidade da voz. A MTN Nigéria pretende prestar melhores serviços aos seus clientes, na esperança de ganhar mais quota de mercado e, ao mesmo tempo, manter-se competitiva. Embarcar num projeto tão dispendioso tem a capacidade de expor a empresa a um novo nível de risco. No entanto, ao efetuar uma análise exaustiva da gestão do risco, a empresa pode ser salva de uma série de contratempos.

6.7.3 ANÁLISE PESTEL

Faz parte da análise externa utilizada aquando da realização de uma análise estratégica ou de um estudo de mercado. Dá uma visão geral dos diferentes factores macroambientais que uma empresa deve ter em consideração. É útil para compreender o crescimento ou declínio do mercado, a posição da empresa, o potencial e a direção das operações. PESTEL é um acrónimo de factores políticos, económicos, sociais, tecnológicos, ambientais e jurídicos.

- Político^ Alguns dos factores políticos que podem afetar as operações da MTN Nigéria incluem regulamentos governamentais, instabilidade política, alteração de leis e políticas inconsistentes. Estes podem incluir regulamentos sobre a gestão do espetro disponível, incluindo o aumento da capacidade da largura de banda e dos custos operacionais. Outro fator militante que pode afetar as operações das indústrias de telecomunicações, incluindo a MTN Nigéria, é a questão da tributação governamental. A questão da fiscalidade tornou-se um problema em 2006 e constituiu uma preocupação vital para a Associação de Lagos dos Operadores de Telecomunicações Licenciados da Nigéria (ALTON). Este organismo de operadores de telecomunicações recorreu a um Tribunal Superior Federal de Lagos alegando que os encargos impostos às empresas de telecomunicações em Lagos, no âmbito da Agência de Manutenção e Regulamentação das Infra-estruturas de Lagos (LIMRA), que se situavam entre 40 milhões e mil milhões de euros, constituíam uma tributação bruta. A proposta solicitava ao tribunal que invalidasse a lei contra os operadores de telecomunicações na Nigéria (Frances 2006). Este facto demonstra que a instabilidade do governo e as inconsistências políticas influenciam fortemente as estratégias comerciais das organizações. Foi incluída no Anexo E uma cópia da notificação regulamentar enviada à MTN Nigéria em 2007 como medida de controlo da sua qualidade de prestação de serviços pela Nigerian Communication Commission (NCC), que é o organismo regulador das telecomunicações da Nigéria.

- Económicos:_ Factores económicos como as taxas de juro, as alterações fiscais, o crescimento económico, a inflação e as taxas de câmbio desempenham um papel importante na determinação da estratégia comercial de uma empresa. Johnson e Scholes (2002) sugerem que se analisem os ciclos económicos, as tendências do PNB, as taxas de juro, a oferta de moeda, a inflação, o desemprego e o rendimento disponível. A situação económica geral e o desempenho económico têm um forte impacto na estratégia de cibercomércio de uma organização. Em caso de recessão económica, a pressão sobre a redução de custos e o aumento da eficiência são elevados. Em caso de inflação, os trabalhadores exigem salários mais elevados, o que aumenta os custos. Por outro lado, um maior crescimento do rendimento nacional pode provocar uma maior procura dos produtos e serviços oferecidos por uma empresa. Nomeadamente, taxas de juro mais elevadas têm o potencial de dissuadir os investidores devido ao custo dos empréstimos. Em consequência do aumento do nível de pobreza da população face à falta de financiamento, que limitou o acesso da população aos serviços e produtos dos fornecedores de redes, a MTN Nigéria tem sido pressionada a inovar e a chegar aos seus clientes pobres. Entretanto, verifica-se um forte crescimento económico resultante da liberalização do sector das telecomunicações.

- Sócio-Cultural; Johnson e Scholes (2002) identificaram a demografia da população, a distribuição de rendimentos, a mobilidade social, as mudanças de estilo de vida, as atitudes em relação ao trabalho e ao lazer, o consumismo e os níveis de educação como algumas das forças sócio-culturais que influenciam uma empresa. No caso da MTN Nigéria, muitas pessoas consideram-na um dos melhores sítios para trabalhar. Este facto fez com que a procura de emprego fosse elevada. Mais uma vez, devido ao aumento da população da Nigéria, a taxa de emprego no sector das telecomunicações foi afetada negativamente, deixando assim a maioria dos licenciados no desemprego. A isto juntam-se os crimes violentos e organizados que estão a aumentar com a incidência de branqueamento de capitais, fraude na Internet, roubo de cartões de crédito e de identidade, etc. Todos estes factores têm um impacto negativo na estratégia comercial da MTN Nigéria. No entanto, a atitude de trabalho dos membros do pessoal da MTN Nigéria pode ter contribuído para o recente boom e avanço tecnológico registado pela MTN.

- Tecnológicos: Os avanços na tecnologia das telecomunicações sem fios estão a convergir com a tecnologia da Internet para promover novas gerações de aplicações e serviços. Atualmente, a MTN Nigéria está a passar para a telefonia móvel de terceira geração (3G) e de quarta geração (4G). A caraterística que define estas tecnologias é o facto de as velocidades de transmissão aumentarem significativamente, proporcionando assim um acesso de alta velocidade à Internet (Moore 2006). Assim, a MTN Nigéria estaria a fazer muitas poupanças se escolhesse a tecnologia certa.

- Ambiental: Inclui todos os factores externos à organização que proporcionam oportunidades e representam ameaças para a organização, tais como leis de proteção ambiental, eliminação de resíduos, consumo de energia, aquecimento global, catástrofes naturais, etc. (Adeleke 2009). Com as grandes alterações climáticas, que podem resultar do aquecimento global, e com uma maior consciência ambiental, o fator ambiental tornou-se uma questão importante de preocupação para as empresas e os negócios. Nomeadamente, a crise na região do delta do Níger pode ter tido um impacto negativo nas operações da MTN Nigéria e de outros fornecedores de telecomunicações. Mas com a recente amnistia concedida pelo governo federal à região, verificou-se uma redução significativa do grau de vandalismo das infra-estruturas privadas (incluindo a MTN) na região. Isto conduzirá igualmente a um aumento dos rendimentos e ao crescimento do sector.

- Factores legais: Devido aos regulamentos e políticas do governo, atualmente é ilegal que um fornecedor de telecomunicações opere sem a devida autorização e licença da Nigerian Communication Commission (NCC). Também é ilegal e criminoso se esse operador sair ou ultrapassar o âmbito da largura de banda concedida pela NCC. Qualquer prestador de serviços de telecomunicações, como a MTN Nigéria, deve operar no âmbito dos termos contratuais acordados com a entidade reguladora (ou seja, a NCC), de tal forma que qualquer violação deste contrato será objeto de multa, revogação e reprovação.

6.7.4 AS CINCO FORÇAS DE PORTER

A fim de compreender em profundidade as operações comerciais da MTN Nigéria, foi utilizada uma ferramenta simples, conhecida como **as cinco forças de Porter**, para aceder e analisar a sua posição e estratégia competitivas. Consiste nas seguintes entidades, como mostra a figura 4.5 abaixo.

As interações destas forças, tal como definidas por Porter (1980), criam um ambiente competitivo que, consequentemente, permite às organizações estarem conscientes da dinâmica das suas indústrias e do seu mercado, de modo a competirem com sucesso no mercado.

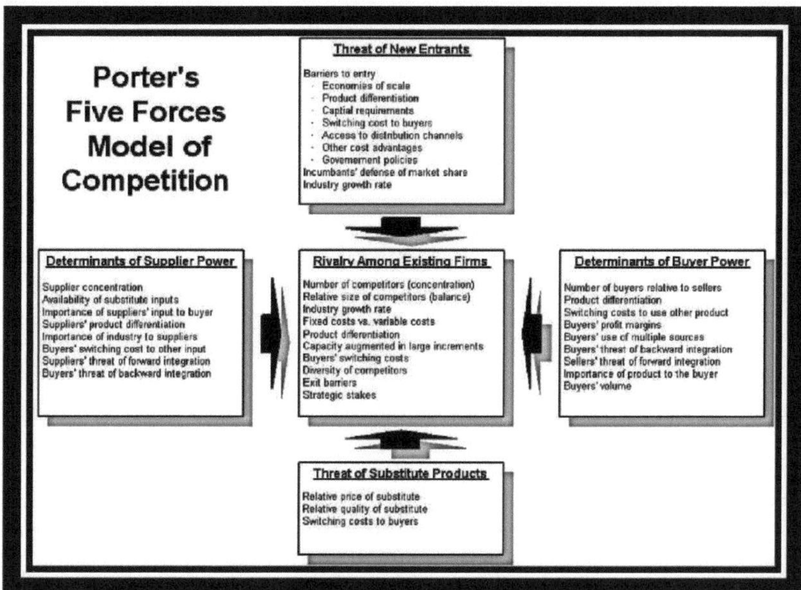

FIGURA 6.3 As CINCO FORÇAS de PORTER

A análise que se segue pode ser efectuada para a MTN Nigéria utilizando as cinco forças de Michael Porter apresentadas na figura 6.3:

◆ ***Ameaça de novos operadores (reduzida)***

Embora o sector nigeriano das telecomunicações tenha sido desregulamentado, o que favoreceu a criação de muitas indústrias privadas, a criação de uma indústria de telecomunicações exige um capital intensivo, associado a políticas e medidas regulamentares rigorosas por parte da Comissão Nigeriana das Comunicações (NCC), que é o organismo regulador criado pelo Governo Federal da Nigéria. Além disso, os pacotes da MTN são incomparáveis quando comparados com os oferecidos pelos seus concorrentes, como a Globacom Limited, a Zain, a Etisalat, etc. A MTN Nigéria é também conhecida por ter a maior cobertura de rede, uma vez que foi a primeira a lançar os seus serviços de rede na Nigéria. Além disso, existe uma procura invulgarmente grande de serviços eficientes que recai sobre as ineficiências do passado. Por conseguinte, tudo isto implica que a entrada de novos fornecedores de telecomunicações será muito reduzida (ou seja, haverá grandes barreiras à entrada).

Ameaça de substituto (alta)

A rede de telefonia móvel (MTN) da Nigéria tem tarifas de chamadas elevadas e competitivas, tanto a nível local como internacional. Esta situação levou a uma deserção sem precedentes de muitos nigerianos para outros fornecedores de rede, como a Globacom Limited, que atraiu os clientes da MTN com tarifas de chamadas reduzidas. Por este facto, a Globacom criou ligações mais fortes com o mundo, incluindo serviços mais baratos e melhorados. Aliás, a Globacom parece oferecer uma melhor qualidade de voz do que a MTN nas chamadas para o estrangeiro. Além disso, a Globacom oferece a maior parte dos serviços da MTN, mas a preços reduzidos. Recentemente, ganhou reputação como a maior cobertura de roaming para voz e dados em África (Relatório NCC 2009). Isto implica que a Globacom tomará em breve o lugar da MTN se esta (MTN) não se tornar muito mais forte no reforço da sua "força de tração" e no reposicionamento da sua "tenda" para acomodar uma melhor qualidade de serviço a preços reduzidos. Isto implica que a ameaça de substituição será elevada.

- ***Poder de negociação dos compradores (baixo)***

Atualmente, os serviços oferecidos pela MTN Nigéria não têm paralelo, uma vez que a MTN oferece comunicações de classe mundial, responsabilidade social empresarial inovadora e sustentável. Devido à sua ampla cobertura, que atinge tanto as zonas urbanas como as rurais (embora a maior parte das comunidades rurais ainda não tenha experimentado a rede), a MTN é predominantemente utilizada por muitas pessoas, apesar das suas elevadas tarifas de chamadas e serviços de Internet. Muitas pessoas que assinaram com outros fornecedores de serviços de rede mantiveram as suas linhas MTN, aparentemente porque pareciam estar tão "casadas" ou enredadas nos seus serviços palatáveis que já não conseguiam prescindir deles. Alguns desses serviços incluem tarifas especiais de SMS para mensagens de texto enviadas para a rede MTN e chamadas nocturnas gratuitas todos os dias da semana entre as 12h30 e as 4h30, bem como um desconto de 50% nas chamadas de voz para quaisquer quatro (4) números MTN registados como sendo da sua família e amigos. Por estas razões, os clientes da MTN teriam muita dificuldade em abandonar totalmente o fornecedor de rede, mesmo quando têm outros fornecedores de rede à sua disposição. Isto implica, portanto, que teriam um poder de negociação baixo ou moderado. No entanto, quando outros concorrentes, como a Globacom e a Zain Limited, entraram no mercado das telecomunicações, o poder de negociação dos clientes aumentou bastante. Os clientes têm agora opções alternativas para satisfazer as suas necessidades. ***Poder de negociação do fornecedor (elevado)***

O poder de negociação dos fornecedores da MTN será relativamente elevado em comparação com o dos seus clientes, cujo poder de negociação é baixo. Isto deve-se ao facto de a MTN estar atualmente a usufruir do seu papel de líder no sector das telecomunicações e estar disposta a fazer tudo para manter a sua bandeira hasteada. Aliás, necessitará de matérias-primas como mão de obra, componentes e outros fornecimentos dos seus fornecedores, se quiser manter o seu papel de líder no mundo das telecomunicações na Nigéria. Por este facto, os seus fornecedores podem tirar partido indevido do cenário para exercer alguma influência sobre a MTN, vendendo os seus materiais a preços exorbitantes a fim de obterem mais lucros. Isto implica, por conseguinte, que o seu poder de negociação será muito elevado, uma vez que a MTN poderá não ter qualquer alternativa.

- ***Rivalidade competitiva entre os actuais fornecedores de serviços sem fios (elevada)***

A rivalidade entre os actuais concorrentes no sector das telecomunicações na Nigéria assume muitas formas familiares, incluindo descontos nos preços, introdução de novos produtos (ou seja, diferenciação de produtos), publicidade, campanhas e melhorias nos serviços. Existe um elevado nível de rivalidade competitiva entre os cinco (5) fornecedores de serviços sem fios que enfrentaram os obstáculos para encontrar a melhor forma de alcançar a máxima satisfação dos clientes. Alguns dos principais concorrentes da MTN Nigéria são a Globacom, a Zain, a Mtel, a Starcoms, a Etisalat, etc. A intensidade da rivalidade entre estes concorrentes actuais é muito elevada. Por exemplo, a Globacom, um segundo operador nacional (SNO), criou alguns serviços de telecomunicações multifacetados, tais como serviços móveis, de entretenimento, de transporte de longa distância e de fornecimento de serviços Internet. Os seus serviços estão a tornar-se muito fortes para se equipararem aos da MTN Nigéria. Este facto representa uma grande ameaça concorrencial para a MTN Nigéria. No entanto, a MTN pode procurar obter uma vantagem sobre os seus rivais recorrendo a qualquer uma das estratégias competitivas propostas por Michael Porter. Estas estratégias incluem, entre outras, as seguintes: alteração dos preços (pode assumir a forma de aumento ou redução dos preços para obter uma vantagem temporal); melhoria da diferenciação dos produtos (o que implica melhorar as caraterísticas, implementar inovações e o próprio produto); criatividade na utilização dos canais de distribuição; e exploração das relações com os fornecedores (pode conseguir este objetivo estabelecendo normas de qualidade elevadas e exigindo aos seus fornecedores que satisfaçam as suas exigências em termos de especificações dos produtos e de preços).

A figura abaixo resume as cinco forças competitivas da MTN Nigéria.

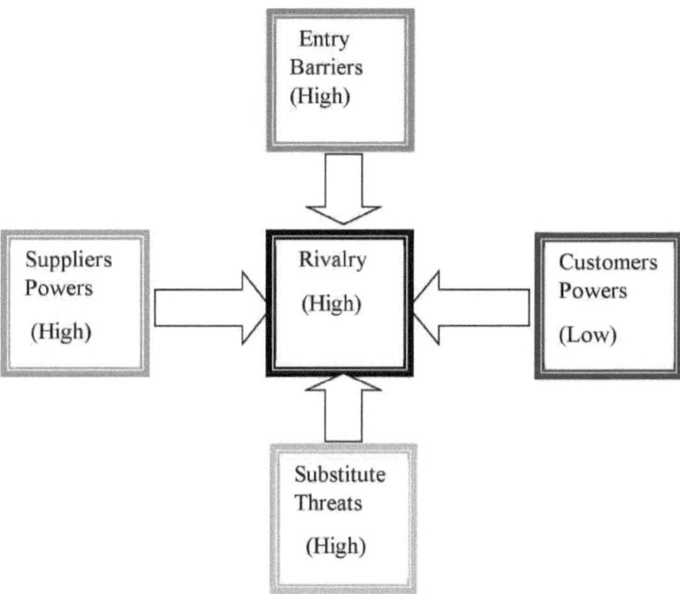

6.8 ANÁLISE DE RISCO

A avaliação do risco é vital para qualquer organização que pretenda proteger os seus sistemas de informação. Nas palavras da ISO (2005), a avaliação do risco refere-se a *"um processo que garante que os controlos de segurança de um sistema são totalmente proporcionais aos seus riscos e que abrange o estudo das ameaças, vulnerabilidades e controlos relevantes em vigor e, naturalmente, dos potenciais impactos"*. É muito fundamental que as organizações estabeleçam sistemas eficazes de gestão da segurança da informação.

Com uma avaliação de riscos adequada, as organizações poderão identificar, controlar e avaliar os seus riscos potenciais. Hanson (2008) reconhece a necessidade de essas organizações compreenderem primeiro os possíveis riscos para os seus recursos de informação, de modo a planearem medidas que sustentem a sua segurança da informação. Ao fazê-lo, os resultados da avaliação dos riscos podem ser utilizados para o desenvolvimento de um plano de segurança para a organização (Layton 2006), ao mesmo tempo que asseguram que as medidas de controlo essencialmente necessárias são implementadas (Peltier 2001). A análise de risco implica a identificação dos activos da organização que necessitam de proteção, o valor dos activos e a sua vulnerabilidade às ameaças. De acordo com Kokolakis, Demopotulos e Kiountouzis (2000), a análise de risco é "convencional", uma vez que depende do modelo convencional de ativo/vulnerabilidade/ameaça. Isto significa que a análise de risco se refere à investigação de activos, vulnerabilidades e ameaças e aos resultados para determinar os riscos associados que são sucedidos pela implementação de contra-medidas eficazes.

Na sua apresentação, Kolokotronis, Margantis e Papadopoulou (2002) observaram que as potenciais ameaças e vulnerabilidades devem ser identificadas nos serviços de rede, nos sistemas operativos, na arquitetura e nas aplicações, com o objetivo de melhorar a tomada de decisões relativas ao nível de segurança existente e a outras técnicas de gestão do risco que devem ser adoptadas. É, pois, necessário que as organizações assegurem que as técnicas de controlo, bem como as despesas, são proporcionais ao tipo de riscos a que estão expostas. Para o efeito, as organizações devem, portanto, realizar uma avaliação de risco detalhada que lhes permita desvendar a natureza e o grau das potenciais ameaças existentes. Uma vez alcançado este objetivo, as organizações devem então procurar reduzir essas ameaças potenciais ao mínimo suportável, introduzindo algumas contra-medidas. Estas medidas devem ser contemporâneas do tipo de segurança necessária para os sistemas de dados que requerem proteção (Gerver, Overbeek e Von Solms 2001). A avaliação dos riscos permite que as organizações identifiquem e apliquem medidas de segurança eficazes para controlar, atenuar e resolver os riscos potenciais. Kokolakis, Demopoulos e Kiountouzis (2000) sublinham que as organizações que procuram controlos eficazes e justificáveis devem efetuar uma análise de custo-benefício, uma vez que a gestão dos riscos está sempre associada a estimativas fiáveis das probabilidades de ataque. Arora, Nandkumar e Telang (2006) propuseram outras opções a explorar, nomeadamente a aceitação dos riscos, a prevenção dos riscos, etc.

6.9 RESUMO

Neste capítulo, o autor efectuou uma análise retrospetiva e aprofundada da Mobile Telephone Network (MTN) Nigéria no que diz respeito à prestação de serviços de telecomunicações. O autor considerou a missão e a visão da MTN, a estrutura organizacional, a cultura organizacional e a posição estratégica da empresa através do emprego de várias dimensões de pontos fortes, pontos fracos, oportunidades e ameaças. A situação competitiva no sector (ou seja, a MTN) foi claramente interpretada através da utilização da análise situacional, como a análise SWOT e a matriz ANSOFF. Além disso, o autor fez uma radiografia da análise do ambiente externo em que a MTN opera através da exploração de outros modelos/ferramentas, como o PESTEL e as Cinco Forças de Porter. O objetivo era, obviamente, transmitir a mensagem completa sobre a situação e a posição actuais do sector das telecomunicações móveis (ou seja, a MTN Nigéria). Por último, o autor efectuou técnicas de análise de risco adequadas que o sector das telecomunicações móveis pode explorar para determinar o nível de riscos potenciais no negócio.

CAPÍTULO 7

RESULTADOS E ANÁLISE

No capítulo 3, afirmou-se anteriormente que seriam utilizados métodos de recolha de dados qualitativos e quantitativos na recolha, recolha e análise dos resultados da investigação. No entanto, isto foi precedido de uma entrevista semi-estruturada com alguns dos principais dirigentes da Rede de Telefonia Móvel (MTN) da Nigéria, que foram entrevistados pessoalmente, por telefone e por correio eletrónico. Alguns destes dirigentes abrangiam os principais estratos da estrutura de tomada de decisões da MTN Nigéria e incluíam: o diretor de informação, o diretor técnico, o gestor de comércio eletrónico, gestores e chefes de departamento dos sectores de TI, marketing, administrativo e serviço ao cliente. É de salientar que apenas foram analisados os dados relevantes que tinham potencial para responder às questões de investigação. Este facto aumentou obviamente o grau de precisão dos resultados da investigação. Essencialmente, os entrevistados foram avisados com antecedência antes do início da entrevista efectiva. Foram feitos alguns contactos de acompanhamento intermitentes para lembrar os entrevistados e mantê-los a par dos pormenores e da natureza da entrevista. As perguntas de investigação do primeiro capítulo constituíram o pano de fundo das questões abordadas durante a entrevista. O objetivo deste capítulo é, portanto, fornecer uma análise detalhada dos resultados da sessão de entrevistas, bem como das informações obtidas através de fontes secundárias.

7.1 REPRESENTAÇÃO DOS DADOS DA ENTREVISTA

Esta secção do estudo apresenta um certo número de participantes, os seus cargos individuais e anos de serviço, e os seus vários departamentos. Foram categorizados doze temas a partir dos dados recolhidos. Em última análise, os temas estavam de acordo com as questões de investigação. Na medida do possível, foram utilizadas as palavras exactas dos participantes para autenticar as conclusões do investigador. Os dados foram depois condensados em categorias, padrões e temas. Isto foi obviamente a condição sine qua non da proposta feita por Guba e Lincoln (1981) de que os cânones de uma boa categoria e construção taxonómica devem refletir o objetivo da investigação, devem ser exaustivos, mutuamente exclusivos e independentes, e devem derivar de um único princípio de classificação.

O quadro 7.1 apresenta as informações demográficas que mostram os cargos ocupados por cada participante da MTN Nigéria, os departamentos e os vários anos de serviço.

QUADRO 7.1 INFORMAÇÕES DEMOGRÁFICAS SOBRE OS PARTICIPANTES

Participants	Designation	Years of experience	Department
P1	Senior manager	7 years	IT
P2	General manager	5 years	Engineering
P3	Manager	4 years	Administration
P4	Chief information officer	8 years	IT
P5	Chief marketing officer	6 years	Marketing
P6	Manager	6 years	Accounts
P7	Customer service		
P8	Technical department		
P9	Manager	3.5 years	Customer service
P10	Staff	1 year	Administration
P 11	Staff (cleaner)	9 months	Hygiene
P12	Member of staff	2 years	Administration
P13	Manager	8 years	HRM
P14	Member of staff	6 months	Customer service
P15	Member of staff	2.5 years	Finance unit
P16	Assistant manager	5 years	Human resource
P17	Member of staff	3 years	IT

A Tabela 7.2 representa algumas das principais questões recorrentes encontradas no estudo em relação às perguntas de investigação e aos códigos.

TABELA 7.2 CÓDIGOS SIGNIFICATIVOS RELACIONADOS COM AS QUESTÕES DE INVESTIGAÇÃO

Code	Description	Related to Research Question	Participants
Code 1	Interconnectivity bottlenecks	1, 2, 5	P1, P3, P5, P6, P7, P10, P13, P16
Code 2	Relative high cost of equipment & lack of adequate network infrastructures	1, 2, 5	P1, P2, P3, P4, P9, P10, P11, P17
Code 3	Unreliable electric power supply	1, 2, 5	P1, P2, P3, P4, P5, P6, P7, P8, ...P17
Code 4	Anti-competitive practices & High operational costs	1, 2	P1, P3, P4, P5, P7, P9, P15, P16
Code 5	Political instability & inconsistent policies	1, 2	P1, P3, P4, P6, P8, P9, P10
Code 6	Lack of government interest & support	1, 2, 5	P2, P3, P4, P5, P8, P9, P10, P11
Code 7	Spectral inefficiency (MIMO systems)	1, 2,3	P1, P2, P3, P4, P5, P6, P7, P8, P9,
Code 8	Poor customer service	2	P1, P2, P3, P4, P6, P7, P8, P9, P10
Code 9	Poor voice quality & lack of wider coverage	1, 2, 5	P1, P2, P3, P4, P5, P6, P7, P8, P9, P10, p11,.....P17
Code 10	Denial of services	1, 2, 5	P1, P2, P3, P4, P5, P6, P7, P8, P11...P17
Code 11	Security issues	1,2	P1, P2, P3, P5, P6, P7, P8, P9, P14, P10
Code 12	Use of encryption, VPN, anti-virus, anti-spyware, & firewalls	3	P1, P2, P3, P4, P5, P6, P8, P9, P10, P16, P17, P12, P15

7.1.1 CÓDIGO 1 - PROBLEMA DE INTERCONEXÃO

Sete dos participantes acreditavam firmemente que a falta de interconectividade adequada fazia parte dos desafios que militavam contra a qualidade eficiente do serviço prestado pela indústria das comunicações sem fios, incluindo a MTN Nigéria. P1 observou que a interconectividade ou interoperabilidade era um dos objectivos das comunicações sem fios, supostamente destinado a contribuir para a obtenção de uma elevada fiabilidade dos sistemas de rede. P5 e P6 eram de opinião que a falta de interconectividade adequada era a principal causa da perda de propagação e da sombra que caracterizava os canais de comunicação. Entretanto, estas opiniões também se reflectiram na análise da literatura.

7.1.2 CÓDIGO 2 - INFRA-ESTRUTURA DE REDE INADEQUADA

Os participantes, em número de sete, atribuíram a culpa da falta de infra-estruturas de rede inadequadas ao elevado custo da largura de banda e ao custo relativamente elevado do equipamento, que não podiam ser suportados pela grande parte da população com baixos rendimentos. Os seus pontos de vista estavam em consonância com Chiemeke e Longe (2007) que, na revisão da literatura, afirmaram que muitos nigerianos não teriam um acesso fácil à Internet devido à ausência de infra-estruturas de rede de comunicação adequadas e a outras questões que se prendem com o apoio técnico e de gestão da ligação à Internet. Atribuíram este facto ao custo relativamente elevado do equipamento e à elevada disparidade das instalações de telecomunicações entre as zonas urbanas e rurais.

7.1.3 CÓDIGO 3 - FORNECIMENTO NÃO FIÁVEL DE ENERGIA ELÉCTRICA

A propósito, todos os participantes concordaram que o problema do fornecimento epilético de energia era um dos principais desafios que dificultavam o bom funcionamento das comunicações sem fios por parte dos fornecedores. P6 explicou que a MTN Nigéria tem de lutar contra este problema gerando a sua própria energia, o que aumenta significativamente os seus custos gerais e é invariavelmente transferido para os clientes, que são os consumidores finais. Na análise da literatura, o relatório do jornal The New Nigeria (2009) também revelou que o problema do fornecimento irregular de energia impediu um progresso significativo no sector das comunicações e prejudicou fortemente a qualidade da prestação de serviços no sector. Enquanto P1, P3, P4, P7 e P9 atribuíam a culpa à burocracia governamental e ao jogo de poder e afirmavam que o governo devia abster-se de intervir nos assuntos que afectam a empresa de produção de energia (PHCN), P6 desafiava o governo a desregulamentar a empresa e a ver melhorias sustentáveis. No entanto, P2 e P8 sugeriram que, se o governo federal criasse leis e políticas que permitissem o fornecimento de eletricidade, talvez se verificassem mudanças positivas, e pediram ao governo que criasse um organismo funcional independente para definir estratégias para a organização. Entretanto, todos os participantes admitiram que a corrupção, a má gestão, a má cultura de manutenção e o fraco financiamento são responsáveis pelo problema do fornecimento epilético de energia no sector.

7.1.4 CÓDIGO 4 - PRÁTICAS ANTI-CONCORRENCIAIS

Seis dos participantes afirmaram que as indústrias das comunicações sem fios são atualmente inundadas e fustigadas por questões que se prendem com rivalidades pouco saudáveis entre os concorrentes do mercado. Na sua opinião, P7 concordou que a rivalidade limita a rendibilidade de uma indústria. Explicou ainda que o grau em que a rivalidade faz baixar o potencial de lucro de um sector depende da intensidade com que as empresas competem e da base da concorrência. P1 revelou que os principais concorrentes da MTN Nigéria eram a Globacom, a Zain limited, a Mtel, a Starcoms e a Etisalat; e que a intensidade da concorrência entre estes concorrentes era bastante grande. P4 observou que a maior parte destes concorrentes, consciente ou inconscientemente, recorria a alguma forma de práticas anticoncorrenciais, mas recusou-se a mencionar nomes. P5 argumentou que as práticas anticoncorrenciais podiam conduzir a custos operacionais elevados e aconselhou o sector das comunicações sem fios a abster-se de tais práticas.

7.1.5 CÓDIGO 5 - INSTABILIDADE POLÍTICA E POLÍTICAS INCOSISTENTES

Os participantes P1, P3, P4, P6, P8 e P10 afirmaram que a instabilidade política, juntamente com as políticas inconsistentes do governo, prejudicaram as actividades do sector das telecomunicações. Lamentaram que o sector tenha ficado aquém das aspirações e expectativas das pessoas devido a algumas convulsões políticas recentes, bem como a inconsistências políticas. Para reforçar esta ideia, P1 e P6 afirmaram que o problema do vandalismo, orquestrado por alguns jovens revoltados no delta do Níger, que afectou negativamente as operações do sector das telecomunicações, se deve à instabilidade política. Isto parece estar de acordo com as opiniões de Ndukwe (2007), que identificou "a gestão das expectativas dos consumidores, o acesso mais barato à Internet, a manutenção de políticas regulamentares favoráveis, a estabilidade política, a expansão dos serviços de banda larga e o acesso rural" como os desafios que ameaçam manchar as actividades de alguns fornecedores de serviços sem fios.

7.1.6 CÓDIGO 6 - FALTA DE INTERESSE E APOIO DA ADMINISTRAÇÃO PÚBLICA

Oito dos participantes citaram a atitude indiferente do governo em dar apoio aos cidadãos. Argumentaram que este apoio poderia ser conseguido através da criação de leis que facilitassem o crescimento e o desenvolvimento, e da instalação de instalações de Internet nas instituições localizadas nas zonas rurais. Observaram que a maioria das pessoas que vivem nas zonas rurais não tem acesso a comunicações sem fios devido à pobreza artificial criada pela falta de apoio adequado por parte do governo. A mesma opinião foi reflectida na revisão da literatura, em que Chukwudebe e Chika (2008) atribuíram a inacessibilidade da Internet às pessoas dos países em desenvolvimento à falta de interesse e apoio do governo. Na mesma literatura, a ValueFronteira Limited (2009) concordou com esta observação quando revelou que existe uma grande disparidade nas telecomunicações entre as zonas urbanas e rurais. No entanto, dois dos participantes (ou seja, P3 e P10) apresentaram uma opinião contraditória, insistindo que, ao desregulamentar o sector das telecomunicações, o governo demonstrou o seu apoio incondicional e a sua disponibilidade para ajudar os cidadãos. [nd]Os seus pontos de vista corroboram os de Sesan (2007), que observou anteriormente na literatura que o governo federal tinha, em 22 de agosto de 2006, criado uma força-tarefa presidencial de 26 homens com a responsabilidade de reestruturar as instituições e organizações governamentais no sector das telecomunicações e das tecnologias da informação, numa tentativa de demonstrar a sua seriedade na harmonização das TIC.

7.1.7 CÓDIGO 7 - INEFICIÊNCIA ESPECTRAL

Talvez o problema mais recorrente com que se confronta o sector sem fios seja a questão do espetro disponível. Nove dos participantes admitiram que esta questão tem sido a ruína da qualidade dos serviços prestados pelo sector. P1, P3 e P5 referiram que a falta de utilização do espetro e as questões de atribuição levaram muitos operadores sem fios a sobrecarregar a largura de banda disponível para aumentar a capacidade dos canais. Isto acontece quando se tem uma grande base de clientes. Este aumento pouco saudável da capacidade do canal, em resultado do aumento do número de assinantes, resulta em interferências e na redução da qualidade do serviço. P3, P5 e P6 sugeriram que a ineficiência espetral, bem como outras deficiências do canal, poderiam ser melhoradas através da utilização de sistemas MIMO (Multiple-Input Multiple-Output). Concordaram que os sistemas MIMO oferecem as vantagens de uma maior eficiência espetral, rendimento, cobertura, capacidade, melhor taxa de erro de bits (BER) e resistência aos efeitos de desvanecimento. Na revisão da literatura, também se verificou que este facto está de acordo com as opiniões de Rohan, Dailly e

Kusumwal (2010), que defendem que os sistemas MIMO prometem resolver os estrangulamentos da capacidade de tráfego na futura banda larga sem fios de alta velocidade e podem ser utilizados para aumentar substancialmente a capacidade das comunicações sem fios sem aumentar a potência de transmissão e a largura de banda.

7.1.8 CÓDIGO 8 - MAU SERVIÇO AO CLIENTE

Todos os participantes, com exceção de P11, admitiram que a MTN Nigéria se debate atualmente com a necessidade de melhorar o seu serviço de apoio ao cliente. No entanto, reiteraram que a MTN começou a lidar com a questão atual da prestação de serviços eficientes através da introdução de uma linha gratuita de autoajuda 181, através da qual os assinantes podem resolver gratuitamente as suas perguntas mais frequentes. Mas P3 e P5 salientaram que, embora esta medida tenha sido implementada, a MTN ainda precisa de expandir as suas unidades de serviço ao cliente, uma vez que, na maior parte das vezes, os clientes que telefonam para fazer perguntas são mantidos em espera durante alguns minutos antes de serem atendidos. Para eles, esta situação não é saudável para a empresa. Os participantes concordaram que existe uma má gestão das expectativas dos clientes em todos os sectores das telecomunicações.

7.1.9 CÓDIGO 9 - FRACA QUALIDADE E COBERTURA DE VOZ

Os participantes afirmaram, na sua totalidade, que os operadores de comunicações sem fios na Nigéria, incluindo a MTN, ficaram aquém das expectativas, uma vez que não prestam a qualidade de serviço óptima que deles se espera e não dispõem de uma ampla base de cobertura. Observaram que a maior parte do país ainda não dispõe de uma cobertura de rede de comunicações sem fios. P3 afirmou que a sua maior preocupação era a questão da fraca qualidade de voz registada durante as chamadas, que é frequentemente interferida por alguns efeitos de ruído. Instou a MTN a melhorar esta situação ou correrá o risco de perder os seus clientes para outros fornecedores que poderão ter uma melhor qualidade de voz. P12, P13, P15, P16 e P17 argumentaram que a má qualidade de voz, que é também uma função da falta de uma cobertura mais alargada, pode ser causada por algumas interferências na rede e efeitos de atenuação que se combinam para causar o desvanecimento do sinal. Em consequência, a qualidade do sinal teria sido muito afetada. No entanto, P14 discordou dos pontos de vista dos cinco participantes e deu a entender que o problema da voz pode estar relacionado com o tipo de sistema de transmissores-receptores utilizado. Para ele, a qualidade do sinal de voz é uma função da potência do sinal transmitido, que também depende da natureza dos circuitos do transcetor. Aconselhou os fornecedores de serviços sem fios a utilizarem os circuitos convencionais em funcionamento.

7.1.10 CÓDIGO - RECUSA DE SERVIÇO

A maioria dos participantes concordou que o sector das comunicações sem fios está atualmente sobrecarregado com os obstáculos da negação de serviço. P17 associou rapidamente este facto à falta de uma transferência/cessão adequada de chamadas e a outros problemas encontrados na reutilização de frequências. P1 esforçou-se por explicar o que, na sua opinião, poderia ser responsável pela negação de serviço. Para ele, a negação de serviço pode ser causada por alguns intrusos sem fios que inundam a rede com as suas mensagens válidas ou inválidas, afectando assim a disponibilidade da rede. A sua opinião coincide obviamente com a de Hamid (2003), que afirma na literatura que os intrusos podem utilizar transceptores potentes com força para causar efeitos de interferência na rede

WLAN. P8 e P14 eram da opinião de que a negação de serviço poderia ser resultado de desvanecimento multipercurso e sugeriram que tal poderia ser tratado através da utilização de técnicas de diversidade espacial. Entretanto, estas técnicas foram amplamente debatidas na revisão da literatura.

7.1.11 CÓDIGO - QUESTÕES DE SEGURANÇA

Os participantes identificaram uma série de problemas de segurança, incluindo a espionagem na rede não segura, a deteção de sinais sem fios, a falsificação, a sobrecarga da largura de banda, etc. Entretanto, todos os participantes reconheceram que a segurança se tornou um grande desafio no domínio das comunicações sem fios, tanto para os utilizadores como para os fornecedores. Na sua intervenção, P4 afirmou que *"as redes de comunicações sem fios têm sido afectadas por uma miríade de problemas de segurança, que se tornaram a principal prioridade dos fornecedores de serviços sem fios, incluindo a MTN Nigéria"*. P6 lamentou que a coexistência de tecnologia analógica antiga e de tecnologia digital constituísse um desafio para a conceção da segurança do sistema. Explicou que o desafio se baseia na necessidade de efetuar comunicações de longo alcance. Essencialmente, os telemóveis voltaram ao modo analógico quando o sinal se torna demasiado fraco para as comunicações digitais, pelo que os sistemas digitais herdam todas as vulnerabilidades de segurança dos sistemas analógicos. P10 atribuiu a culpa dos actuais problemas de segurança à proliferação das redes sem fios e à avidez dos utilizadores por terem acesso às comunicações sem fios em qualquer lugar e a qualquer momento. Afirmou que, assim, os espiões e os piratas informáticos tirariam partido de qualquer sistema não seguro. P1 e P13 reiteraram os esforços da MTN para reforçar os seus sistemas de segurança e aconselharam todos os outros fornecedores de redes a efectuarem controlos de rotina constantes da segurança das suas redes. P1 sugeriu que, para se conseguir uma segurança razoável, uma LAN sem fios deve ser bem concebida e apoiada por políticas de encriptação, autenticação e configuração; revelou ainda que a MTN Nigéria está atualmente a abordar a questão da segurança, introduzindo a utilização da Rede Privada Virtual (VPN) e outros mecanismos de autenticação forte. Todos os participantes concordaram que a utilização de encriptação, antivírus, anti-spyware e firewalls poderia ser utilizada para controlos de segurança. As respostas dos participantes reflectiram o debate na análise da literatura. Esta resposta unânime dos participantes, sem dúvida, respondeu ao **Código 1.1.12**, que se referia à procura de soluções para algumas das questões de segurança, respondendo assim à pergunta de investigação número três. Entretanto, as suas preocupações sobre as questões de segurança dos sistemas sem fios foram abordadas em pormenor na análise da literatura.

7.2 APRESENTAÇÃO DOS DADOS DO QUESTIONÁRIO

Numa tentativa de fazer justiça ao estudo, o investigador dividiu ainda a questão de investigação 4 - "Quais são os impactos das comunicações sem fios na economia rural da Nigéria" - em três (3) questões de investigação distintas para representar alguns dos "ingredientes" comuns encontrados na análise da literatura. Alguns desses ingredientes ou itens são os seguintes (1) GSM e economia rural; (2) GSM e desemprego; e (3) GSM e redução da criminalidade. No total, há 13 itens. As respostas aos itens variam entre Concordo Fortemente (SA) e Discordo Fortemente (SD). O instrumento foi administrado aos inquiridos nas suas várias comunidades, utilizando as câmaras municipais das aldeias como local. A administração foi efectuada em 10 dias com a ajuda de assistentes de investigação. O resumo dos dados biográficos dos inquiridos é apresentado no apêndice D.

7.2.1 Análise de dados

Os dados recolhidos foram analisados utilizando a estatística do Qui-Quadrado

7.2.2 Resultados

Os resultados da análise são apresentados de seguida:

Questão 1: A introdução do GSM tem um impacto na economia rural da Nigéria?

QUADRO 7.3 GSM E ECONOMIA RURAL

S/N	ITEMS	SA	A	D	SD	R-Total
1	GSM has improved the standard of living of the Nigeria rural dwellers.	127 (60)	99 (71)	35 (67)	23 (23)	**284**
2	GSM is not relevant to all, as it is expensive to maintain.	6 (36.5)	8 (45)	51 (37)	75 (40)	**168**
3	Every sector of the economy in Nigeria has benefited from GSM	70 (45)	80 (53)	17 (50)	23 (54)	**218**
4	GSM is meant for high income earners	27 (30)	20 (35)	50 (33)	30 (36)	**155**
5	GSM is of no impact on Nigeria rural economy	5 (35)	10 (41)	65 (39)	67 (42)	**175**
Column Total		**235**	**217**	**218**	**218**	**1000**

A partir da tabela 7.3 acima, no item 1, é claro que os inquiridos concordaram que o GSM contribuiu para a melhoria do nível de vida dos habitantes rurais. Isto é óbvio, uma vez que o número de respostas para concordar fortemente e concordar é (226), enquanto o número de respostas para discordar e discordar fortemente é (58). A resposta ao segundo item revela que o GSM é visto como relevante para todos. Os resultados do item 3 mostram que todos os sectores da economia da Nigéria beneficiaram com o GSM. Este facto é também demonstrado pelo número de respostas que concordam e concordam fortemente (150), superior ao número de respostas que discordam e discordam fortemente (40). As respostas aos itens 4 e 5 são negativas. Com isto, a interpretação é que se entende que o GSM teve um impacto na economia rural da Nigéria e não se destina apenas a pessoas com rendimentos elevados.

Questão 2: A introdução do GSM proporciona mais oportunidades de emprego aos nigerianos nas zonas rurais?

QUADRO 7.4 GSM E DESEMPREGO

S/N	ITEMS	SA	A	D	SD	R-Total
1	The introduction of GSM in Nigeria encourages small scale business	101 (88)	87 (72)	22 (22)	32 (24)	**242**
2	GSM has provided a source of income to many young school leavers	111 (99)	95 (82)	30 (25)	33 (27)	**269**
3	GSM has reduced poverty in Nigeria	105 (92)	97 (76)	30 (23)	20 (25)	**252**
4	Unemployment has been dramatically reduced through the introduction of GSM	114 (86)	73 (71)	23 (22)	27 (23)	**237**
Column Total		**431**	**372**	**105**	**112**	**1000**

Os resultados da tabela 7.4 mostram que a introdução do GSM é vista como um incentivo às empresas de pequena escala no país. Isto é demonstrado pelo número de respostas de concordo fortemente e concordo (188) maior do que o número de respostas de discordo e discordo fortemente (54). Os resultados também revelam que o GSM tem sido uma fonte de rendimento para muitos académicos. Nesta coluna, o número de respostas "concordo totalmente" e "concordo" (206) é superior ao número de respostas "discordo" e "discordo totalmente" (63). Os resultados também mostram que houve uma redução do nível de pobreza como resultado da introdução do GSM na Nigéria. Este facto é ainda confirmado pelos resultados do item 4 sobre se o desemprego foi reduzido com a introdução do GSM, com 187 pessoas a concordar fortemente e a concordar, contra 49 que discordaram e discordaram fortemente. Por conseguinte, considera-se que a introdução do GSM está a criar oportunidades de emprego para os habitantes rurais desempregados.

Questão 3: A introdução do GSM reduziu a taxa de criminalidade na Nigéria?

QUADRO 7.5 GSM E REDUÇÃO DA CRIMINALIDADE

S/N	ITEMS	SA	A	D	SD	R-Total
1	GSM has increased the rate of crime in Nigeria	33 (54)	40 (44)	106 (66)	97 (76)	**276**
2	GSM encourages dishonesty among Nigerians	25 (47)	26 (39)	90 (58)	84 (66)	**225**
3	The use of GSM assists in reporting criminals in the society to law enforcement agents	136 (36)	99 (49)	20 (74)	31 (85)	**286**
4	GSM has aided the activities of armed robbers	25 (43)	33 (35)	69 (52)	86 (60)	**213**
Total		**219**	**198**	**285**	**298**	**1000**

A partir do exposto, é evidente que a introdução do GSM não está a promover o crime no país. Isto é indicado pelo facto de (203) inquiridos discordarem e discordarem fortemente, contra (73) inquiridos que concordaram e concordaram fortemente. Os resultados também mostram que os nigerianos consideram que o GSM encoraja a desonestidade. Sobre a utilização do GSM para denunciar infracções penais, (235) inquiridos concordaram fortemente com a afirmação, enquanto (51) inquiridos a refutaram. Com o resultado do item 4, pode ser demonstrado que os inquiridos sentem que a introdução do GSM não tem as actividades dos ladrões armados. A partir da tabela, pode ser inferido que a introdução do GSM ajudou a reduzir as taxas de criminalidade no país.

7.3 DISCUSSÃO

Como se pode ver no quadro 7.1, as entrevistas de investigação foram realizadas com peritos das diferentes unidades da MTN Nigéria, dentro e fora dos escritórios. As entrevistas foram efectuadas com os participantes representados no quadro 7.1, conforme indicado.

Convém recordar que o principal objetivo deste documento é tentar identificar e analisar os principais desafios das comunicações sem fios na Nigéria, investigando simultaneamente os impactos na economia rural do país.

No que respeita aos desafios colocados pelas redes de comunicações sem fios, os inquiridos indicaram que alguns desses desafios dependem da rede e são influenciados por alguns factores ambientais e organizacionais. No entanto, admitiram que a maioria dos desafios, como a falta de interconectividade adequada, infra-estruturas de rede inadequadas, fornecimento de energia não fiável, instabilidade política, inconsistências políticas, falta de cobertura mais ampla, desafios de segurança, etc., são comuns a muitos dos fornecedores de serviços. Concordaram que muitos dos prestadores de serviços estão sobrecarregados com desafios organizacionais, observando que os interesses diversificados das elites políticas, os problemas persistentes no delta do Níger, onde se situa a maior parte das centrais eléctricas, e o problema do vandalismo do seu equipamento, constituem grandes ameaças ao desenvolvimento organizacional. Em resultado da deficiente rede de segurança na Nigéria, muitos destes fornecedores de serviços sem fios perderam a maior parte do seu equipamento nas mãos de bandidos.

Uma das observações mais significativas do estudo é o facto de, num espaço de cerca de cinco anos, uma grande percentagem de nigerianos, incluindo os das comunidades rurais, ter agora acesso a comunicações sem fios. Isto num contexto em que "o telefone não é para os pobres" - uma afirmação atribuída a um antigo ministro das comunicações no final da década de 1980. No entanto, atualmente, na Nigéria, tanto os "ricos" como os "pobres" têm acesso às comunicações móveis. Essencialmente, com o advento do GSM, o telefone deixou de ser um exclusivo dos ricos na Nigéria.

No que respeita ao impacto das comunicações sem fios (por exemplo, GSM) na economia rural, este estudo refere que a maioria dos jovens académicos, que até então estavam ociosos e desempregados, se dedicam agora à venda a retalho de produtos GSM e à prestação de serviços locais. Especialmente, devido ao pequeno capital necessário para montar um negócio deste género, muitos dos que estavam anteriormente desempregados entram agora neste tipo de negócios. Consequentemente, o número de jovens desempregados nas cidades e nas zonas rurais diminuiu.

No que respeita ao GSM e às taxas de criminalidade, o relatório mostra que a introdução do GSM teve um impacto significativo na redução da criminalidade nas zonas rurais da Nigéria. Pode observar-se que a deteção e a comunicação de crimes aos serviços de aplicação da lei melhoraram significativamente.

Outras conclusões e discussões importantes sobre o estudo são enumeradas com base no quadro PESTEL. ***Factores políticos***

- A influência do governo no sector das telecomunicações continua a ser elevada. Apesar da incapacidade do governo para fornecer algumas infra-estruturas básicas, as questões regulamentares continuam a ser difíceis. Isto torna possível a utilização de tecnologias de comércio eletrónico.
- Devido a alguns problemas de segurança sem fios, a venda de bens através da Internet ainda está na sua fase inicial, uma vez que a confiança tem de ser estabelecida primeiro e identificada. Este facto pode limitar a atividade comercial, especialmente quando os comerciantes da Internet são provenientes da Nigéria.
- As mesmas questões de segurança explicam a relutância das pessoas em relação ao correio eletrónico e aos acordos electrónicos, uma vez que a fraude na Internet é galopante na Nigéria.
- A política interna é muito mais problemática do que a política externa. Por vezes, a administração da MTN está dividida e as autoridades são vistas a perseguir diferentes objectivos em paralelo.

Factores económicos

- Devido ao mau estado da economia da Nigéria, esta está envolta em riscos cambiais, o que tem efeitos adversos no negócio das comunicações sem fios.
- A falta de atualização da informação entre os vários ramos da MTN Nigéria dá origem a uma concorrência interna que tem frustrado a maioria das estratégias comerciais da MTN. Em consequência, os clientes vêem-se obrigados a procurar produtos em diferentes partes do país a preços diferentes.

Factores sócio-culturais

- A MTN Nigéria tem problemas em gerir o seu sítio Web a nível nacional devido a algumas diferenças culturais. Por exemplo, na parte norte do país, como Kano, Borno e Kaduna, existem muitas empresas com um islamismo rigoroso. Por conseguinte, o sítio Web da MTN deve refletir algum relativismo cultural para os seus clientes domiciliados nessas localidades, o que coloca um problema à MTN.
- A falta de disposição das pessoas em algumas zonas do país tem dificultado a expansão da MTN. A MTN necessita de um estudo de viabilidade adequado para identificar os locais certos para instalar as suas sucursais. Isto coloca alguns desafios.

Factores tecnológicos

- O país debate-se com alguns desafios tecnológicos. A questão é saber para onde se dirige o país no que diz respeito às aplicações móveis, à Internet de banda larga, etc., uma vez que o governo nigeriano ainda está a formular uma política de tecnologias da informação.
- Talvez o impacto mais tecnológico seja o da normalização. Atualmente, a MTN Nigéria está a fazer esforços para reescrever alguns dos seus documentos e manuais internos de acordo com as normas dos diferentes clientes, o que está a custar muito tempo e dinheiro.

- Para além das normas tecnológicas para produtos e soluções, existem outros desafios importantes que se prendem com as normas de armazenamento de informações sobre os produtos, uma vez que as tendências tecnológicas mostram que os serviços Web terão um enorme impacto no comércio eletrónico.

Factores ambientais

- Alguns dos desafios ambientais que têm prejudicado a eficácia dos serviços de comunicações sem fios incluem a falta de uma fonte de alimentação eficiente, a falta de um sistema telefónico funcional e de bons serviços de transporte. A Nigéria tem sido apontada como uma das nações africanas com menor densidade telefónica e acessibilidade à Internet. Como tal, ainda não cumpre a norma estabelecida pela União Internacional das Telecomunicações (UIT). Além disso, a maior parte do equipamento de telecomunicações nigeriano tornou-se obsoleto e os clientes não estão a receber o valor do seu dinheiro. O abastecimento de energia eléctrica do país tem problemas de distribuição, produção e manutenção. Esta situação tem o seu próprio impacto no sector privado das comunicações.

- As dotações para a ciência e tecnologia ainda não satisfazem as aspirações do desenvolvimento das TI. Por exemplo, o software e o hardware, componentes do sector das TI, são muito caros e requerem a assistência do governo.

Factores jurídicos

- A validade jurídica dos contratos electrónicos tem muito a ver com as normas jurídicas em vigor na Nigéria. Uma vez que a MTN dispõe de uma infraestrutura que utiliza um certificado de prova de identidade de pessoas ou organizações e, juntamente com o seu nome forte, a maior parte da infraestrutura-chave da MTN merecerá a confiança das outras partes.

- A rastreabilidade dos bens está a ganhar muito terreno em muitas indústrias e deve ser alargada à indústria das telecomunicações. Nomeadamente, as indústrias de telecomunicações são sempre obrigadas a cumprir as políticas regulamentares do governo, uma vez que estão a ser vigiadas 24 horas por dia pelo cão de guarda regulamentar. Isto implica que o seu modo de funcionamento é limitado, uma vez que não podem exceder o limite de largura de banda que lhes é atribuído. Torna-se então ilegal e criminoso para qualquer fornecedor de serviços violar as regras estipuladas, a menos que esse fornecedor obtenha autorização do organismo regulador.

7.4 RESUMO

Neste capítulo, o autor representou com sucesso a informação obtida no estudo e forneceu também uma análise detalhada dos resultados obtidos através das várias técnicas de recolha de dados utilizadas no estudo. No próximo capítulo, portanto, serão apresentadas as conclusões dos resultados e as possíveis recomendações que se baseiam nos resultados obtidos.

CAPÍTULO 8

CONCLUSÃO E RECOMENDAÇÃO

Este capítulo apresenta as conclusões sobre os resultados do estudo com o único objetivo de propor algumas recomendações, bem como de salientar as limitações do estudo. Por fim, o autor aprofundou alguns domínios em que poderia haver trabalho futuro e fez algumas propostas a esse respeito.

8.1 CONCLUSÃO

O estudo tinha como objetivo avaliar os desafios das comunicações sem fios na Nigéria. Nomeadamente, à medida que os avanços nas comunicações sem fios se aproximam tremendamente do seu limite elástico, com cada vez mais consumidores a desejarem um acesso ilimitado à Internet de banda larga, tornou-se fundamental dispor de serviços que explorem esta capacidade. Esses serviços podem exigir a necessidade de gerir a procura por utilizador, aumentar a eficiência do espetro e aumentar a quantidade de espetro disponível.

Atualmente, a indústria das comunicações sem fios parece estar a depositar a maior parte das suas esperanças na melhoria da eficiência do espetro. A ineficiência espetral é um dos maiores desafios das comunicações sem fios. Por conseguinte, sobre esta questão, o estudo retira conclusões de Elliott (2010), que defende na literatura que a utilização de sistemas MIMO (Multiple-Input Multiple-out) pode resolver os problemas de ineficiência espetral, desvanecimento do sinal, negação de serviço, etc. Segundo Elliott (2010), *"WiMax e Long Time Evolution (LTE) oferecem esperança de melhorar a eficiência média do espetro da rede, principalmente com ferramentas normalizadas, como os sistemas MIMO, que reduzem ativamente os níveis efectivos de interferência"*. A mesma opinião é partilhada por Rohan, Dailly e Kusumwal (2010), que afirmam que *"com os sistemas MIMO, é certo que conseguiremos o seguinte: maior eficiência espetral, rendimento, cobertura, capacidade, melhor taxa de erro de bits (BER) e resistência aos efeitos de desvanecimento"*, e por Slaney e Sun (2006), que defendem que *"ao explorar técnicas de diversidade, a capacidade de informação dos sistemas de comunicações pode ser significativamente aumentada. É possível aumentar ainda mais a capacidade do canal explorando a utilização de sistemas MIMO"*. Assim, com estas sinopses da literatura, o autor pode concluir com autoridade que os sistemas MIMO têm a capacidade de resolver os estrangulamentos da capacidade de tráfego no futuro acesso à Internet sem fios de banda larga de alta velocidade.

Relativamente aos desafios da instabilidade política, do vandalismo e da falta de fiabilidade do fornecimento de energia, o estudo observou que, com o atual programa de amnistia do governo federal na região do delta do Níger, a esperança de segurança do equipamento pertencente à maioria dos fornecedores de serviços sem fios domiciliados nessas comunidades é tranquilizada. O estudo também considerou os esforços do governo para diversificar as suas fontes de energia e de fornecimento de eletricidade em áreas como a tradicional central a carvão, o gás natural, a energia eólica, a energia solar, etc. O estudo apoiou-se no atual esforço de descentralização do governo no sector da energia, que visa atrair investidores privados, para concluir que será alcançada uma melhoria sustentável na devida altura, se o programa de privatização for bem sucedido, uma vez que se espera que desencadeie uma concorrência sem precedentes entre os investidores privados.

No decurso do estudo, o autor observou que a MTN Nigéria está atualmente a utilizar a Rede Privada Virtual (VPN). O investigador recorda a eficácia desta rede, amplamente divulgada na análise da literatura, especialmente no domínio das comunicações por fio, para garantir a segurança através da criação de um túnel encriptado através da Internet pública, pelo que felicita a MTN Nigéria. Por conseguinte, é seguro concluir que o equipamento de segurança atualmente adotado pela MTN Nigéria está, em última análise, em conformidade com a norma de segurança definida pela União Internacional das Telecomunicações (UIT).

8.2 RECOMENDAÇÕES

Neste momento, o autor deseja fazer as seguintes recomendações à Rede de Telefonia Móvel (MTN) da Nigéria:

(i) Embora a MTN Nigéria esteja a fazer um bom trabalho em termos de aplicação das medidas de segurança para garantir a proteção dos seus sistemas de informação, ainda é necessário ter em conta as mudanças futuras e a possibilidade de melhorar a segurança que possa surgir devido a factores tecnológicos, exigências comerciais e factores legais. Por conseguinte, o autor recomenda uma verificação ou revisão periódica das medidas de segurança em vigor para garantir a manutenção da integridade, da reputação e da boa vontade de que a MTN goza atualmente junto do público e para manter o seu papel de liderança competitiva no sector das telecomunicações.

(ii) O acesso ao serviço sem fios é considerado primordial, especialmente agora que as pessoas estão a começar a apreciar a alegria de ter acesso sem fios dentro das suas casas. A falta de serviço sem fios é geralmente vista como absurda, especialmente quando este é necessário. Por esta razão, a MTN deve esforçar-se por assegurar que o seu mastro esteja localizado nas comunidades rurais em que tal possa faltar e que o serviço sem fios seja fornecido nessas áreas.

(iii) O autor constatou que muitos indivíduos estão atualmente a fazer negócios sob o disfarce da MTN, inflacionando ou reduzindo assim os preços dos bens e serviços de acordo com os seus caprichos. Este facto tem efeitos adversos no esforço de normalização da MTN. O autor recomenda, por isso, que a MTN se lance numa investigação minuciosa para travar as actividades destes impostores e saqueadores, que se encontram sobretudo nas zonas rurais, onde gozam do monopólio da concorrência.

(iv) Em conformidade com Hamid (2003), Hamza *et al.*(2010) e Miller (2001), a MTN Nigéria pode adotar as seguintes medidas para atenuar os ataques injustificados e as vulnerabilidades associadas às suas redes:

J Alterar o Service Set Identifier (SSID) predefinido. Trata-se de um identificador único que é anexado ao cabeçalho dos pacotes transmitidos através de redes sem fios, que funciona como palavra-passe quando um dispositivo móvel tenta ligar-se a uma determinada WLAN. Este SSID diferencia uma WLAN de outra, pelo que todos os pontos de acesso e dispositivos que se ligam a uma determinada WLAN devem ter o mesmo SSID. O facto de deixar o SSID inalterado é um dos erros de segurança dos administradores de WLAD.

J Minimizar a propagação de ondas de rádio em zonas não destinadas a utilizadores. As antenas podem ser posicionadas de modo a não dar cobertura a áreas fora dos limites fisicamente controlados da instalação. Com esta técnica, os intrusos podem não ter acesso à rede.

J A colocação do ponto de acesso deve ser efectuada fora da firewall. Isto destina-se a impedir o acesso de intrusos aos recursos da rede empresarial, uma vez que a firewall pode ser configurada para dar acesso apenas a utilizadores legítimos com base em endereços IP.

J Utilizar uma rede privada virtual (VPN). Esta parece ser uma solução de segurança muito melhor, uma vez que procura autenticar os utilizadores provenientes de um espaço não fiável e encripta a sua comunicação para que seja impossível ser interceptada por um espião. Um método seguro de implementar um AP sem fios é colocá-lo atrás de um servidor VPN. Este tipo de implementação proporciona a máxima segurança sem quaisquer custos adicionais para os utilizadores.

8.3 CAMINHO A FRENTE

Com a entrada em cena de muitos fornecedores de serviços e a expansão dos serviços de rede mesmo entre os fornecedores de serviços existentes, as coisas só podem melhorar. Espera-se, portanto, que o acesso seja alargado às comunidades rurais da Nigéria e que, num futuro não muito distante, toda a nação esteja coberta por serviços sem fios. Este facto terá, sem dúvida, efeitos multiplicadores na vida das pessoas em geral e dos habitantes das zonas rurais em particular.

8.4 LIMITAÇÕES E LIÇÕES APRENDIDAS

Nas palavras de James Stephen, que diz que - "A finalidade é a morte e a perfeição é a finalidade. Nada é perfeito. Há nódulos nele". No fundo, nada é perfeito no mundo, e este estudo também o é. Os resultados obtidos, embora muito encorajadores, não foram isentos da sua quota-parte de limitações e enfermidades, como se pode ver abaixo:

J O acesso limitado a informações vitais revelou-se um grande obstáculo na realização deste estudo. A isto juntou-se também a indisponibilidade das pessoas certas para a obtenção de conhecimentos, que se baseou nos factores distantes. Além disso, o tempo disponível para a realização do estudo era limitado, pelo que o autor teve de explorar os princípios das técnicas de gestão do tempo para cumprir o prazo.

J O facto de o estudo ter sido realizado em dez comunidades de apenas um dos 36 estados da Nigéria é já uma limitação, uma vez que não deve representar absoluta e corretamente as opiniões de todos.

J Numa rede celular, embora o equipamento da estação de base possa acomodar facilmente múltiplos conjuntos de antenas, o dos terminais móveis impede a instalação de mais de dois elementos de antena devido às limitações físicas de dimensão e complexidade. Em geral, seria preferível utilizar apenas um ou dois elementos nos terminais móveis para reduzir ao mínimo a complexidade e, consequentemente, o custo. O desafio que se coloca agora aos projectistas de redes sem fios consiste em atingir as elevadas capacidades oferecidas pelo MIMO num ambiente celular ou ad hoc.

Na verdade, o projeto foi um exercício estimulante com uma miríade de experiências desafiantes, uma vez que o autor não tinha qualquer conhecimento prévio da área temática no início do projeto. No entanto, a investigação efectuada na revisão da literatura forneceu alguns antecedentes epistemológicos para a área temática. Para o efeito, o autor aprendeu em pormenor a trajetória do avanço tecnológico nas comunicações sem fios. O autor ficou entusiasmado por conhecer algumas das técnicas utilizadas na criação de uma rede privada e como esta pode ser encriptada. Este aspeto foi mais apreciado porque o autor era um novato antes deste estudo, mas acabou por se tornar um novo-rico no decurso do estudo, o que ajudou a alargar os seus conhecimentos não só no domínio das telecomunicações e das comunicações de dados, mas também no domínio dos controlos de segurança das comunicações sem fios. O estudo proporcionou também ao investigador alguns conhecimentos implícitos sobre as várias técnicas de diversidade, incluindo os sistemas MIMO, que estão atualmente em voga para atenuar os sinais de desvanecimento resultantes de efeitos de interferência e atenuação. Foi uma via para conhecer a operacionalidade das redes celulares em relação aos princípios de reutilização de frequências e aos mecanismos de handoff/handover.

A secção de entrevistas foi mais uma oportunidade para o investigador interagir com as pessoas de elegância, nas pessoas do diretor de informação, do diretor de marketing, do diretor de engenharia, etc., que são os pilares da empresa. De facto, esta interação foi um favor invulgar concedido ao autor, que lhe valeu o conhecimento destas personalidades estimadas.

8.5 DOMÍNIOS DE INVESTIGAÇÃO FUTURA

Tendo em conta todas as limitações e deficiências identificadas, é necessária investigação futura para alargar o âmbito do estudo de modo a cobrir essas limitações. Além disso, todas as recomendações feitas pelo autor sobre a forma de atenuar os desafios das comunicações sem fios na Nigéria em relação às medidas de controlo da segurança não invalidam, obviamente, o facto de essas medidas e técnicas continuarem a ter as suas falhas. Esta triste verdade apela definitivamente a trabalhos futuros, que incluem:

S Formas de adaptação das tecnologias da rede fixa ao ambiente móvel limitado

Formas de obter as capacidades oferecidas pelos sistemas MIMO num ambiente celular ou ad hoc

Formas de erradicar as práticas de corrupção na gestão das organizações da Nigéria. Investigação sobre métodos de motivação melhorados, mecanismos de recompensa do desempenho, sistemas de emprego e de segurança social.

CAPÍTULO 9

GESTÃO DE PROJECTOS

9.1 INTRODUÇÃO

A gestão de projectos refere-se à aplicação de competências, conhecimentos, técnicas e ferramentas às actividades de projeto necessárias para a realização dos requisitos do projeto. Trata-se de um esforço cuidadosamente planeado e organizado para atingir um objetivo específico (e normalmente) único. Inclui o desenvolvimento de um plano de projeto, que inclui a definição e a confirmação das metas e dos objectivos do projeto, a identificação das tarefas e da forma como as metas serão alcançadas, a quantificação dos recursos necessários e a determinação dos orçamentos e dos prazos de conclusão. De acordo com Dennis (2007), o objetivo da gestão de projectos é prever os numerosos problemas que podem ocorrer, bem como planear, organizar e controlar as acções, a fim de concluir com êxito um projeto, apesar de todos os riscos envolvidos.

A fim de eliminar todos os obstáculos possíveis ao sucesso deste estudo, o autor aproveitou este capítulo para discutir os planos de gestão do projeto, os riscos associados ao projeto e a forma como foram tratados. Pretendeu-se também garantir que os objectivos desejados do projeto fossem atingidos.

Por conseguinte, este capítulo aborda os seguintes aspectos:

4- **Plano do projeto**

5- **Gestão dos riscos**

6- **Gestão da mudança**

7- **Resumo**

9.2 PLANO DO PROJECTO

O planeamento de um projeto refere-se ao processo de quantificação do tempo e do orçamento de um projeto. De acordo com Celia (2003), um projeto é "*um esforço temporário empreendido para criar um produto ou serviço único*". Esta definição implica que cada projeto deve ter um objetivo claramente definido, com datas de início e de fim. Neste caso, esta dissertação é o resultado único do projeto levado a cabo pelo autor. O objetivo da dissertação, que consistia em atingir os objectivos do estudo, foi cumprido com a resposta às questões de investigação. A execução de um plano de projeto envolve ostensivamente as seguintes fases - definir, planear, organizar, executar e encerrar.

Para executar o projeto até à fase final, o autor teve em conta o seguinte: - o calendário do projeto (escala temporal) e os custos estimados.

9.2.1 Programação de projectos

O projeto foi concebido após uma pesquisa exaustiva. Foi apresentado ao supervisor do autor, Jon Plumley, que levou algum tempo a reformular o tópico e, mais tarde, deu-lhe uma consideração perfeita. Na sequência de outras discussões com o supervisor do autor, o tópico começou a desenvolver-se numa proposta de projeto completa. O autor começou a recolher materiais relevantes para a área do tópico. Isto permitiu ao autor compreender plenamente o conceito do projeto.

O autor dividiu o trabalho total realizado na investigação em actividades separadas e no tempo necessário para as completar. Algumas destas tarefas foram realizadas em paralelo, enquanto outras foram realizadas em simultâneo.

Durante a estimativa do calendário, o autor teve em conta o facto de que nem todas as fases do calendário estariam isentas de problemas e, para o efeito, atribuiu alguns dias suplementares ao dia destinado à realização de cada tarefa específica.

Por fim, foi criado um diagrama de Gantt do calendário da investigação para representar graficamente as tarefas envolvidas no estudo de investigação. O gráfico de Gantt destinava-se a dar uma imagem clara do tempo que o autor levaria a concluir cada tarefa específica do projeto. Este gráfico é apresentado no apêndice E.

As estimativas iniciais dos parâmetros do projeto eram incertas. Por conseguinte, o autor analisou constantemente o progresso do calendário e modificou o plano original para acomodar as diferenças em relação ao calendário inicialmente planeado (ver anexo E).

9.2.2 Custos estimados

Os custos incorridos no decurso do estudo podem ser classificados como logística, impressão, encadernação e despesas indirectas. O quadro 7.1 apresenta a repartição de todos os custos individuais incorridos no decurso do estudo.

QUADRO 9.1 REPARTIÇÃO DOS CUSTOS

Activity	Cost
1. Internet Connection	£58
2. Transportation	£65
3. Purchase of Epson SX200 printer	£56
4. Purchase of ink printer	£35
5. Purchase of 4 packs of A4 paper	£10
6. Purchase of writing materials	£15
7. Cost of making international calls	£50
8. Two CD-ROMS	£1
9. Binding	£32
10. Indirect expenses	£25
Total	**£347**

9.3 GESTÃO DOS RISCOS

Todos os projectos envolvem algum tipo de risco (Cadle e Yeates 2008), que pode ocorrer em qualquer fase do projeto (Dennis 2007). Normalmente, os riscos de um projeto estão associados à natureza do trabalho, aos recursos disponíveis, a factores políticos e a relações contratuais que podem influenciar o projeto. Embora não seja totalmente possível eliminar os riscos associados aos projectos, estes podem ser geridos de forma considerável para evitar muitos riscos.

O processo de gestão do risco, tal como ilustrado por Sommerville (2004), pode ser visto na figura 7.1 abaixo.

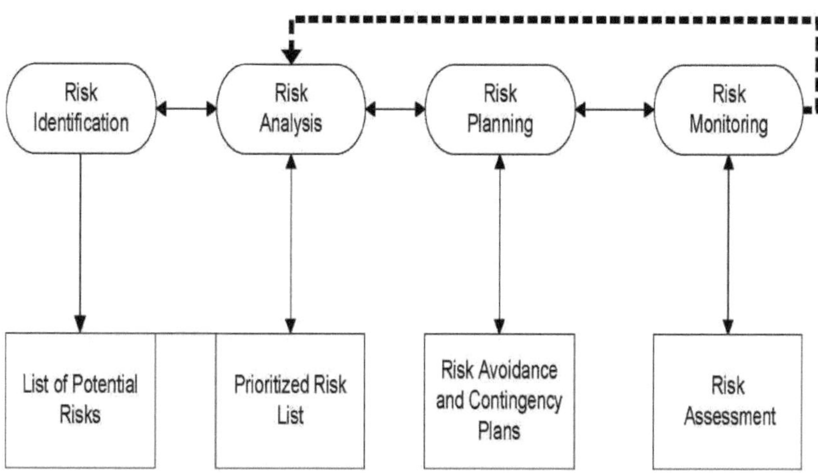

FIGURA 9.1 PROCESSO DE GESTÃO DO RISCO

A partir do diagrama acima, podemos ver que a primeira fase de um processo de gestão do risco é a identificação do risco. Tem a ver com a descoberta de possíveis riscos num projeto. Principalmente, esta primeira fase envolve a consideração e a priorização dos riscos. Uma vez identificados, os riscos devem ser descritos de forma sucinta, para que cada um deles possa ser compreendido na sua totalidade. Deste modo, podem ser concebidos os impactos e o processo de mitigação.

O autor levou a cabo um processo de identificação de riscos utilizando uma abordagem de brainstorming e a experiência adquirida durante o decurso do projeto. O objetivo principal era identificar os riscos potenciais do projeto. A análise de riscos, também conhecida como avaliação de riscos, mede o impacto e a probabilidade dos riscos identificados. Ajuda a concentrar mais atenção nos riscos com maior possibilidade de ocorrência e naqueles com maior probabilidade de causar danos ao projeto, caso ocorram. O planeamento dos riscos é vital para a identificação de estratégias para lidar com os riscos. As quatro estratégias de gestão do risco identificadas por Dennis (2007) são

Estratégia de aceitação: Os riscos podem ser aceites se os seus efeitos não forem perigosos e se puderem ser eliminados através de medidas corretivas.

S Estratégia de prevenção: Trata-se de medidas tomadas para evitar a ocorrência de riscos.

S Estratégia de mitigação: Trata-se de medidas tomadas para reduzir os impactos dos riscos.

S Estratégia de transferência: Esta estratégia transfere os impactos dos riscos para outra pessoa quando os riscos ocorrem.

A monitorização do risco é um processo incessante que envolve a avaliação regular de cada um dos riscos identificados para determinar o nível de probabilidade de ocorrência do risco (ou seja, maior ou menor) e se os impactos do risco se alteraram.

9.4 GESTÃO DA MUDANÇA DE PROJECTO

Dennis (2007) considera que os projectos raramente decorrem exatamente de acordo com o plano. Segundo ele, "*nenhum projeto, independentemente da sua dimensão, é suscetível de decorrer desde a fase de arranque até à fase de encerramento sem se deparar com pelo menos uma mudança*". Isto implica que a mudança é inevitável e deve ser esperada em qualquer projeto. A gestão da mudança de projeto engloba todos os processos necessários para determinar o ponto em que se está em comparação com o ponto em que se planeou estar e as actividades necessárias para voltar ao caminho certo, se estes não estiverem alinhados. A mudança de projeto, que é um desvio do âmbito inicial de um projeto, não é normalmente bem recebida por um gestor de projeto em qualquer fase. Isto porque as alterações que ocorrem no final de um projeto podem custar potencialmente mais do que as resolvidas no início do projeto (Sommerville 2004).

9.4.1 REFLEXÕES SOBRE A GESTÃO DA MUDANÇA

Uma das mudanças mais significativas que ocorreram no decurso deste projeto foi a alteração do tema de investigação. Inicialmente, o tema era muito pouco claro. No início do projeto, o autor tinha pensado em realizar um estudo de investigação sobre os "desafios das comunicações sem fios em países em desenvolvimento como a Nigéria". Mas isso teria sido muito abrangente e irrealizável, especialmente tendo em conta o tempo limitado atribuído ao projeto. Mas com a ajuda do supervisor do autor, o tema foi aperfeiçoado para se adequar ao que o autor tinha inicialmente em mente. O seu supervisor sugeriu-lhe que restringisse o tema à Nigéria e, posteriormente, à MTN Nigéria. Com esta alteração do tema de investigação, os objectivos iniciais foram igualmente afectados, mas com a ajuda do supervisor, os objectivos tornaram-se SMART.

ABREVIATURAS

ICT	Information and communication technology
PSTN	Public Switch Telephone Network
GSM	Global System for Mobile communication
MTN	Mobile Telephone Network
NITEL	Nigerian Telecommunications Limited
NCC	Nigeria Communications Commission
MIMO	Multiple-Input Multiple-Output
ROI	Returns on Investment
BS	Base Station
MSC	Mobile Switching Centre
WMAN	Wireless Metropolitan Area Network
ITAA	Information Technology Association of America
AM	Amplitude Modulation
FM	Frequency Modulation
1G	First-Generation
2G	Second-Generation
3G	Third- Generation
4G	Fourth- Generation
AMPS	Advanced Mobile Phone System

TACS	Total Access Communications System
NMT	Nordic Mobile Telephone
PDC	Personal Digital Cellular
PDC	Personal Digital Communications
QoS	Quality of Service
SISO	Single-Input Single-Output
CDMA	Code Division Multiple Access
TDMA	Time Division Multiple Access
SMS	Short Message Service
GPRS	General Packet Radio Service
EDGE	Enhanced Data GSM Environment
ITU	International Telecommunication Union
IMT	International Mobile Telecommunications
UMTS	Universal Mobile Telecommunications Systems
HSDPA	High Speed Downlink Packet Access
LTE	Long Term Evolution
WLAN	Wireless Local Area Network
MN	Mobile Node
AWGN	Additive White Gaussian Noise
OFDM	Orthogonal Frequency Division Multiplexing
SNR	Signal-to-Noise Ratio
MRC	Maxima-Ratio Combining
BER	Bit Error Rate
MAC	Medium Access Control
WEP	Wireless Equivalent Privacy
WPA	Wi-Fi Protected Access
SWOT	Strength Weaknesses Opportunities Threats
PESTEL	Political Economic Social Technological Environmental Legal
VPN	Virtual Private Network
IV	Initialization Vector
ICV	Integrity Check Value
ISAAC	Internet Security, Applications, Authentication and Cryptography
Wi-Fi	Wireless Fidelity
PDA	Personal Digital Assistant
WiMax	Worldwide Interoperability for Microwave Access

PCS	Personal Communication Service
MAN	Metropolitan Area Network
P & T	Postal and Telecommunications
NET	Nigerian External Telecommunications
ALTON	Association of Licensed Telecommunications Operators of Nigeria
LIMRA	Lagos Infrastructure Maintenance and Regulatory Agency
SNO	Second National Operator
PHCN	Power Holding Company of Nigeria
SSID	Service Set Identifier
IP	Internet Protocol
WMAN	Wireless Metropolitan Area Network

APÊNDICE A

CRONOLOGIA DA EVOLUÇÃO CELULAR

A cronologia da evolução celular, tal como proposta por Koilpillai (2009), pode ser resumida a seguir:

1G (AMPS, NMT, TACS ...) **1981**

J Transmissão vocal analógica

2G (GSM, IS-54, PDC, IS-95) **1991-95**

J Digital celular

J Voz digital, dados de circuito de baixa velocidade (9,6 Kbps), SMS

2,5G (GPRS, CDMAOne) **1999-00**

J Introdução de dados em pacotes

J Voz melhorada, dados CS e PS de velocidade média (~100Kbps), SMS melhorado

3G (WCDMA, EDGE, CDMA2000 ...) **2002-03**

J Requisitos IMT-2000, voz melhorada, dados PS de elevado débito (384 Kbps-2 Mbps)

J Melhoria da eficiência espetral e da capacidade, aplicações multimédia

3.5G (HSDPA, 1xEV-DO, 1xEV-DV, WiMAX) **2003-presente**

J Pacote de dados de alta velocidade (2-14 Mbps)

◄Super 3G

4G (LTE/LTE Adv, IEEE 802.16m ...) **2010/11 (?)**

GLOSSÁRIO

ENCRYPTION

Trata-se da codificação de dados num código secreto que só pode ser lido por um software configurado para descodificar a informação. Na tecnologia da Internet, a encriptação é a transformação ou codificação da informação numa forma que pode ser compreendida por alguém que tenha a "chave" correta para a descodificar. Trata-se de uma ferramenta importante para garantir a segurança do tráfego na rede.

Identificador de conjunto de serviços alargado (ESSID)

O nome que um fabricante atribui a um router. Pode ser um nome padrão, predefinido, atribuído pelo fabricante a todo o hardware desse modelo. Os utilizadores podem melhorar a segurança mudando para um nome exclusivo. Semelhante a um identificador de conjunto de serviços (SSID).

Firewall

Hardware ou software concebido para impedir que os piratas informáticos utilizem o seu computador para enviar informações pessoais sem a sua autorização. As firewalls detectam tentativas externas de acesso ao seu sistema e bloqueiam as comunicações de e para fontes que não autoriza.

Endereço de controlo de acesso ao meio (MAC):

Este é um número único que o fabricante atribui a cada computador ou outro dispositivo numa rede.

Router:

Trata-se de um dispositivo que liga duas ou mais redes. Um router encontra o melhor caminho para encaminhar informações através das redes. Um router é um dispositivo que processa o tráfego que entra e sai de uma rede. Examina os bits individuais do tráfego de rede, conhecidos como pacotes, e determina para onde os enviar. Os routers sem fios desempenham a mesma função que os routers com fios.

Privacidade equivalente com fios (WEP):

Um protocolo de segurança que encripta dados enviados de e para dispositivos sem fios numa rede.

Não é tão forte como a encriptação WPA. É um protocolo de segurança concebido para fornecer a uma rede sem fios um nível de segurança e privacidade comparável ao de uma LAN com fios. No WEP, os dados que circulam entre computadores e pontos de acesso são encriptados.

Acesso Wi-Fi Protegido (WPA):

Wi-Fi é a abreviatura de wireless fidelity (fidelidade sem fios). Um protocolo de segurança desenvolvido para corrigir as falhas do WEP.

Encripta dados enviados de e para dispositivos sem fios numa rede.

WPA

Isto significa acesso protegido por Wi-Fi. Tal como o WEP, o WPA é um protocolo de segurança concebido para proporcionar segurança e privacidade a uma rede sem fios. O WPA proporciona uma encriptação de dados mais forte e uma melhor autenticação do utilizador do que o WEP.

Rede sem fios:

Trata-se de um método de ligar um computador a outros computadores ou à Internet sem os ligar por cabos.

Hacker

Uma pessoa que tenta violar a segurança de um sistema informático através do acesso a partir de um ponto remoto, especialmente adivinhando ou obtendo de outra forma uma palavra-passe.

Rede ad hoc

Uma rede local em que os computadores e dispositivos de rede estão muito próximos de outros na rede. Estes dispositivos são ligados temporariamente ou para fins específicos.

802.11

802.11 é uma especificação para redes locais sem fios (WLAN) desenvolvida pelo Institute of Electrical and Electronics Engineers (IEEE). Existem várias especificações 802.11. Estas especificações descrevem a forma como um computador ou dispositivo sem fios comunica com uma estação de base ou ponto de acesso sem fios e com outros computadores ou dispositivos sem fios. A atual especificação 802.11 é a 802.11g.

Ponto de acesso

Um hotspot é um nó de rede sem fios que fornece uma ligação à Internet. Cada vez mais hotspots estão disponíveis em locais públicos, como aeroportos, cafés e hotéis.

Porquinho da Índia

Piggyback refere-se ao acesso ilícito à Internet através de uma rede sem fios não segura.

Ponto de acesso

Numa rede local sem fios (WLAN), um ponto de acesso é uma estação que transmite e recebe dados. Um ponto de acesso liga os utilizadores a outros utilizadores dentro da rede e pode também ligar a WLAN a uma rede com fios.

VPN

VPN significa rede privada virtual. As VPN são uma forma segura de utilizar a Internet como exceção de uma rede privada. Utilizam a encriptação e um protocolo de Internet especial para criar um "túnel" através da Internet de um ponto para outro. Este tráfego não pode ser acedido por quem não consegue ligar-se à VPN. As empresas utilizam frequentemente VPNs para proteger o tráfego de rede privada que circula entre dois escritórios geograficamente distintos, ou entre funcionários remotos que utilizam computadores portáteis e o escritório em casa.

BIBLIOGRAFIA

[1] Abbas, J. (2005) *Future Trends in Mobile Communications Resource and Security Management.* Sidney: University of Sidney pubTlishing

[2] Adegbemile, A.A. (2007) "Development of Telecommunications in Nigeria and its Impact on National Development: Experiences from around the World". *Jornal de Tecnologia da Informação* 6, (8) 884-890

[3] Adesina, A. (2008) *How External Forces are influencing the E-business strategy of MTN-Nigeria.* Blekinge: Administração de Empresas

[4] Adeyinka, T., Ajiboye, J., Emmanuel, A., e Wojuade, J. (2007) 'Stakeholders' Perception of the Impact of a Global System for Mobile Communication on Nigeria's Rural Economy: Implications For an Emerging Communication Industry". *Journal of Community Informatics* 3, (4) 1-19

[5] Adomi, E. A. (2006) 'Mobile Phone Usage: Patterns of library and Information Science Students at Delta State University Abraka, Nigeria". *Electronic Journal of Academic and Special Librarianship* 7, (1)1-11

[6] Agrawal, D., e Zeng, Q. (2006) 2nd edn. *Introduction to Wireless and Mobile Systems.* Londres: Thomson

[7] Ahmad, F. (2009) 'MTN Opportunities and Challenges.' [Em linha] Disponível em <www.mtn-nigeria.com/history> [18th fevereiro 2010]

[8] Akay, E., e Ayanoglu, E. (2005) "Achieving Full Frequency and Space Diversity in Wireless Systems via BICM, OFDM, STBC and Viterbi Decoding". [em linha] disponível em http://gram.eng.uci.edu/~ayanoglu/trans bicm and stbc ofdm.pdf [20 de março de 2010]

[9] Anders, H. e Hanne, W. (2009) "Mobile and wireless communications: Technologies, applications, business models and diffusion". *Journal of Telematics and Informatics* 26, (2009) 223-226

[10] Andrea, P. (2009) "The Security Challenges of Mobile Devices" (Os desafios de segurança dos dispositivos móveis). *Journal of Computer fraud and Security* 1, (3) 16-18

[11] Andrew, R. (2005) *A Systems Approach to Wireless RF Transmission Lines.* Lagos: Chapel Publishing

[12] Arya, R., Nicholas, D., e Palash, K. (2010) 'Fading is Our Friend: A Performance Comparison of WiMAX-MIMO/MISO/SISO Communication Systems". *Scientific Research,* [Online] Disponível em <http://www.scirp.org/journal/eng/> [19th abril 2010]

[13] Asoke, K.T., e Das, D. (2010) 'Mobile Web for Under-privileged in Developing Countries'. *Journal of Telematics and Informatics* 27, (1) 350-359

[14] Barbeau, M., e Hall, J. (2001) *Wireless Communications Security Issues, Solutions and Challenges.* Canada: Carleton University

[15] Beaubrun, R., e Pierre, S. (2001) "Technological Developments and Socio-economic issues of Wireless Mobile Communications". *Journal of Telematics and Informatics* 18, (1) 143-158

[16] Boutros, J., Viterbo, E. (1999) "Signal Space Diversity: A Power and Bandwidth efficient Diversity Technique for the Rayleigh Fading Channel". *Ecole Nationale Superieure des Telecommunications* 46, (13) 1-17

[17] Brown, T. W. C. (2002) *Antenna Diversity for Mobile Terminals.* Tese de doutoramento não publicada, Universidade de Surrey, Surrey, Reino Unido

[18] Bruno, E. (2001) *The Problem of Interference in Wireless Communications. The U.S. Regulatory "Solution" and the Property Rights Alternative.* Washington DC: Manhattan Institute for Policy Research

[19] Cadle, J., e Yeates, D. (2008) *Project Mnagement for Information Systems.* Inglaterra: Pearson Educational Limited

[20] Ceken, C., Yarkan, S., Arslan, H. (2010) 'Interference aware Vertical Handoff Decision Algorithm for Quality of Service support in Wireless Heterogeneous Networks'. *Journal of Computer Networks* 54, (2010) 726-740

[21] Celia, D. (2003) *Project Management for Telecommunications Manager.* Londres: Springer

[22] Chandrasekaran, N. (2005) "Diversity Techniques in Wireeless Communications Systems". *Journal of Information Technologies* 16, (1) 1-8

[23] Chiau, C.C. (2006) *Estudo da Diversidade de Antenas para Sistemas de Comunicação Sem Fios MIMO.* Tese de Doutoramento não publicada, Universidade de Londres

[24] Chiemeke, S.C., e Longe, B. (2007) 'Information and Communication Technology Penetration in Nigeria: Prospects, Challenges and Metrics". *Journal of Information Technology* 6, (3) 280-287

[25] Chuah, M., e Zhang, Q. (2006) *Design and Performance of 3G Wireless Network and Wireless Lans.* EUA: Springer

[26] Cleveland, F. (2007) *Usos dos Novos Tipos de Tecnologias Wireless para Automação de Distribuição e Subestações.* Xanthus: Consultoria Internacional

[27] Connoly, T., e Begg, C. (2010) 5th edn. *Database Systems: A Practical Approach to Design, Implementation, and Management.* London: Pearson Education

[28] Damian, M. (2003) *Securing WLAN: From WEP to WPA*. Estados Unidos: Universidade de San Diego

[29] Daniel, W., e Teng, J. (1997) "Soft Handoffs in CDMA Mobile Systems". *IEEE Personal Communications* (97) 6-18

[30] David, T., Chen-nee, C., e Joseph, M. (2007) 'Capacity Scaling in Dual-Antenna-Array Wireless Systems'. *Department of Electrical Engineering and Computer Sciences Journal* 6877

[31] Dennis, L. (2007) 9th edn. *Project Management.* EUA: Gower Publishing Limited

[32] Dietrich, C.B (2000) 'Adaptive Arrays and Diversity Antenna Configurations for Handheld Wireless Communication Terminals'. [em linha] disponível em http://scholar.lib.vt.edu/theses/available/etd-04262000-15330030/unrestricted/etd.pdf [18 de março

de 2010]

[33] Du, K., e Swamy, M.N.S. (2009) *Wireless Communication Systems: From RF Subsystems to 4G Enabling Technologies.* Londres: Cambridge University press

[34] Elegbeleye, S. (2005) 'Prevalent Use of Global System of Mobile Phone (GSM) for Communication in Nigeria: A Breakthrough in Interactional Enhancement or a Drawback? *Jornal Nórdico de Estudos Africanos* 14, (2) 193-207

[35] Elliott, D. (2010) 'Meeting the Challenges of Data Growth'. *Wireless Week: Tech Insight* 16 de fevereiro

[36] Elmasri, R., e Navathe, B.S. (2007) 5th edn. *Fundamentals of Database Systems.* London: Pearson International Edition

[37] Khan, F., e Frontmatter, F. (2009) *LTE for 4G Mobile Broadband: Air Interface Technologies and Performance.* London: Universidade de Cambridge

[38] Farrukh, R., e Athanassios, M. (2006) *Diversity Reception for OFDM Systems using Antenna Arrays.* Londres: Imperial College

[39] Finkle II, L.G. (2000) "Wireless Communications: A Modern Necessity" (Comunicações sem fios: uma necessidade moderna). *Journal of Information Technology* 63, (5)

[40] Foschini, G.J., e Michael G.J. (1998) 'On Limits of Wireless Communications in a Fading Environment when Using Multiple Antennas: Wireless Personal Communications". *Journal of Information Technology* 6, (3), 311-335

[41] Foschini, G.J. (1996) 'Layered Space-time Architecture for Wireless Communications in a Fading Environment when using Multi-element Antenna'. *Bell Laboratories Technical Journal* 2, (1) 41-59

[42] Francis, C. (2007) "Usos dos novos tipos de tecnologias sem fio para automação de distribuição e subestações". Xanthus Publishing

[43] Fumiyuki, A., e Nobuo, N. (2000) "Challenges of Wireless Communications IMT-2000 And Beyond". *Journal of IEICE TRANS Fundamentals E83-A*, (7) 1300-1413

[44] Gajanana, K., Srinivas, K., Srikrishna, S., Bhashyam, B., e Koilpillai, D. (2008) "Signal Space Diversity for Spatial Multiplexing". *Instituto Indiano de Tecnologia-Madras* 6, (1) 1-5

[45] Gerber, M., Von Solms, R., e Overbeek, P. (2001) "Formalizing Information Security Requirements". *Journal of Information Management and Computer Security* 9, (1) 32-37

[46] Group President and CEO's Report (2008) *Report on MTN's Market Strategy*. Lagos: Stationary Office

[47] Hafeth, H. (2005) "Wireless LAN: Security Issues and Solutions". *Curso de Pós-Graduação em Radiocomunicações* 72, (333) 1-5

[48] Hamza, B., Kyun, C., Noordin, N., Rasid, M.F., e Ismail, A. (2010) 'Review of Minimizing a Vertical Handover in a Heterogeneous Wireless Network'. *Journal of IETE Technical Review* 27, (2)

97-106

[49] Henten, A. (2009) "Mobile and Wireless Communications: Technologies, Applications, Business Models and Diffusion". *Journal of Telematics and Informatics* 26, 223-226

[50] Homeland Security (2006) "Wireless Communications Security". [em linha] disponível em http://www.safecomprogram.gov/NR/rdonlyres/7F55866C-13B5-419E-B698-

1C4022696A49/0/Segurança das comunicações sem fios 090607.pdf [6 de março de 2010]

[51] Hourani, H. (2005) 'An Overview of Diversity Techniques in Wireless Communications

Systems.' [Online] disponível em

http://www.comlab.hut.fi/opetus/333/2004 2005 slides/Diversidade texto.pdf

[52] Imai, H., Rahman, M., e Kobara, K. (2006) 1st edn. *Wireless Communications Security*. London: Artech House

[53] ISO (2005) "Tecnologia da Informação - Técnicas de Segurança - Código de Práticas para

Gestão da Segurança da Informação". [em linha] disponível em

http://www.iso.org/iso/support/faqs normas largamente utilizadas/normas largamente utilizadas outras/segurança da informação. htm [10 de maio de 2010]

[54] Jack, H., e Jack, S. (1993) *Effect of Fading Correlation on Adaptive Arrays in Digital Wireless Communication*. New Jersey: Holmdel

[55] Jardine, A., Thompson, J., McLaughlin, S., e Grant, P. (2006) "MIMO Wireless and Mobile Communications: Dual antenna cooperative diversity techniques" (Técnicas de diversidade cooperativa de antena dupla). *Journal of the Institute of Engineering and Technology* 153, (4) 556-564

[56] Jayaweera, S. (2009) "ECE442: Comunicações sem fios". *Aula 9: Sistemas celulares*

[57] Johnson, G., e Scholes, K. (2002) 6TH edn. *Exploring Corporate Strategy*. London: Prentice Hall

[58] Kauffman, R., e Techatassanasoontron, A. (2005) 'Is there Global Digital Divide for Digital Wireless Phone Technologies? Universidade de Minnesota

[59] Kim, K., Floyd, J., e Mehta, H. (2004) "Wireless Communication Using Integrated Antennas". *Silicon Microwave Integrated Circuits and System Research Group* (FL 32611) 3479

[60] Koilpillai, D. R. (2009) 'Evolution of Wireless Communications: A perspective.'[Online] Disponível em http://www.cdactvm.in/wingcom/wireless.pdf [20 de fevereiro de 2010]

[61] Kolokotronis, N., Margantis, C., e Papadopoulou, P. (2002) "An Integral Approach for Security Electronic Transaction over the Web Benchmarking". *International Journal* 9, (2) 116-181

[62] Kumar, R. (2005) *Research Methodology*. Londres: Sage

[63] Layton, T.P. (2006) *Information Security: Design, Implementation, Measurement and*

Compliance. UAS: CRC

[64] Lee, H., Patil, S., e Raj, G. (2003) "Fundamental Overview and Simulation of MIMO Systems for Space-Time Coding and Spatial Multiplexing". *Journal of Information technology* (1) 1-7

[65] Mapp, G. M., Fatema, S., e Mahdi, A. (2009) "Wireless Communications Security Issues, Solutions and Challenges". *School of Engineering and Information Sciences* 1, (2) 1-13 [65] Masood, M., Philippe, G., Marceau, C., and Kelif, J. (2010) 'Analytical Performance Evaluation of various Frequency Reuse and Scheduling Schemes in Cellular OFDMA Networks.' *Journal of Information Technology* 67, 318-337

[66] Michel, B. e Jeyanthi, H. (2004*) Wireless Communications Security Issues, Solutions and Challenges*. Canadá: Carleton University Press

[67] Miller, K. S. (2001) 'Facing the Challenges of Wireless Security'. *Technology News* 17 de julho: 16-18

[68] Moore, L. (2006) 'Wireless Technology and Spectrum Demand: Advanced Wireless Services". *Relatório do Congressional Research Services (CRS) para o Congresso*

[69] MTN Nigeria (2007) *Report about MTN.* Lagos: Fidel Publishing Nigeria

[70] MTN Nigeria (2009) *Executive Summary Report.* Lagos: Stationary Office

[71] Ndukwe, C. (2006) "Três anos de revolução GSM na Nigéria". [Em linha] disponível em http://www.ncc.gov.ng/speeches presentations/EVC's%20Presentation/GSM%20REVOLUTION%20IN%20NIGERIA%20%20-140504.pdf [14th April 2010]

[72] Jornal Nigerian Tribune (2007) "GSM: A Peep into History". *The Nigerian Tribune* 1 de maio

[73] Oatey, A. (1999) 'The Strength and Limitations of Interviews as a Research Technique for Studying Television Viewer'. [Em linha] disponível em http://www.aber.ac.uk/media/Students/aeo9702.html [20 de abril de 2010]

[74] Onoh, G. N. (2005) 3rd edn. *Sistemas de Comunicação.* Enugu: De-Adroit Innovation

[75] Otthein, H., Michael, B., Ingrid, R., Ulrich, G., e Michael, L. (2007) "The Future of Mobile Computing: Actividades de I&D no Estado de Bremen". *Journal of Internet Research* 7, (5) 495-504

[76] Pandya, R. (1999) *Mobile and Personal Communication System and services*. Nova Iorque, EUA: IEEE Press

[77] Peltier, R.T. (2002) *Information Security Policies, Procedures and Standards: Guidelines for Effective Information Management.* EUA: CRC Press

[78] Rafidah, A. (2003) "Wireless LAN: Security Issues and Solutions". *SANS Institute Version* 14 (1) 1-23

[79] Raitt, D. (2005) "ICT Developments in Nigeria Libraries" (Desenvolvimentos das TIC nas bibliotecas da Nigéria). *The International Journal for the Application of technology in Information Environments*

[80] Rodrigo, W., Kirstie, H., and Konstantin, B. (2008) 'An Integrated View of Human,

Organizational, and Technological Challenges of IT Security Management'. *Information Management and Computer Security* 17, (1) 4-19

[81] Sandra, K. (2001) "Facing the Challenges". *Notícias sobre Tecnologia 13*, (12) 1-3

[82] Saunders, M., Lewis, P., e Thornhill, A. (2007) 4th . *Métodos de investigação para empresas Estudantes.* Inglaterra: Pearson Education Limited

[83] Sekine, S., Shoki, H., e Morishita, H. (2003) "Antennas for Wireless Terminals". *Journal of IEICE Trans Communications* 86, (3)

[84] Sesan, G. (2007) 'ICTs in Nigeria: A status Report.' [Em linha] disponível em http://www.pinigeria.org/download/ngictupdate2007.pdf [5 de março de 2010]

[85] Slaney, A., e Sun, Y. (2009) "MIMO Wireless and Mobile Communications: Spacetime Coding for Wireless Communications". *Journal of the Institute of Engineering and Technology* 153, (4) 509-518

[86] Slaney, A., e Sun, Y. (2006) "Space-Time Coding for Wireless Communications: An Overview". *IEE Proc.-Communication* 153, (4)

[87] Sommerville, I. (2004) *Software Engineering*. EUA: Pearson Education

[88] Tella, A., Amaghionyeodiwe, A., e Adesoye, A. (2007) *Telecommunications Infrastructure and Economic Growth: Evidence from Nigeria.* Nigéria: University Press

[89] The New Nigerian Newspaper (2009) '12 Steps-Communications: Telecomunicações na Nigéria". *Novo Nigeriano* 22 de janeiro

[90] Tomassi, W. (1992) *Advanced Electronic Communication Systems*. EUA: Prentice Hall International Inc

[91] Ujam, U.N. (2002) *Determination of the Effects of Metrological and Topographical Conditions on UHF Signals (Determinação dos efeitos das condições metrológicas e topográficas nos sinais UHF).* Tese de Mestrado não publicada, Universidade Estatal de Ciência e Tecnologia de Enugu

[92] US-CERT (2008) 'Using Wireless Technology Securely a government organization.' [Em linha] Disponível em <http://www.us-cert.gov/reading_room/home-network-security/> [12th maio 2010]

[93] Patente dos EUA 62018101 (2001) 'Polarization and Diversity Phased Array Cellular Base Station and Associated Methods.' [em linha] disponível em http://www.freepatentsonline.com/6201801.html [18 de março de 2010]

[94] ValueFronteira Limited (2009) "Overview of Nigeria's Telecommunication Setor". [Em linha] Disponível em http://www.valuefronteiraonlme.com/public upload/file/Understandm%20the%20Nigerian%20Telecommunications%20Industryx.pdf?323 [20th abril 2010]

[95] Wajih, A., e Abu, S. (1999) 'Frequency Reuse Concept. ' *EE 499: Wireless & Mobile*

Communications (082) 1-6

[96] Wayne, S. (2001) *Wireless Communications Research In China*. China: Universidade de Tóquio

[97] Werlinger, R., Hawkey, K., e Beznosov, K. (2009) 'An Integrated View of Human, Organizational, and Technological Challenges of IT Security Management'. *Journal of Information Management & Computer security* 17, (1) 4-19

[98] Wojuade, J. I. (2005) *Impact of global system for mobile telecommunication on Nigerian Economy: Um caso de algumas áreas governamentais locais selecionadas no Estado de Oyo, Nigéria*. Tese de doutoramento não publicada, Universidade de Ibadan, Nigéria.

[99] Wong, K.L., and Chang, C.H. (2005) 'WLAN Chip Antenna Mountable above the System ground plane of a Mobile Device'. *IEEE Journal on Antenna and Propagation* 53, (11) 346349

[100] Yen, C., e Chou, C. (2000) 'Wireless Communications: Applications and Managerial Issues". *Journal of Industrial Management & Data Systems* 100, (9) 436-444

Printed by Books on Demand GmbH, Norderstedt / Germany